해양학자 김웅서의 바다 이야기

플랑크톤도 궁금해하는 **바다상식**

해양학자 김웅서의 바다 이야기

플랑크톤도 궁금해하는 **바다상식**

초판 4쇄 발행일 2021년 5월 7일
초판 1쇄 발행일 2016년 12월 15일

지은이 김웅서
펴낸이 이원중

펴낸곳 지성사 출판등록일 1993년 12월 9일 등록번호 제10-916호
주소 (03458) 서울시 은평구 진흥로 68(녹번동) 2층(북측)
전화 (02) 335-5494 팩스 (02) 335-5496
홈페이지 www.jisungsa.co.kr
이메일 jisungsa@hanmail.net

ISBN 978-89-7889-326-8 (03400)

잘못된 책은 바꾸어 드립니다. 책값은 뒤표지에 있습니다.

「이 도서의 국립중앙도서관 출판예정도서목록(CIP)은 서지정보유통지원시스템 홈페이지(http://seoji.nl.go.kr)와
자료공동목록시스템(http://www.nl.go.kr/kolisnet)에서 이용하실 수 있습니다. (CIP제어번호:CIP2016028105)」

해양학자 김웅서의 바다 이야기

플랑크톤도 궁금해하는 **바다상식**

김웅서 지음

지성사

평생 바다를 연구해왔지만, 지금도 바다에 가면 마음이 설렌다. 연인을 만나러 가는 발길처럼. 짭조름한 바다 냄새가 코끝에 전해지면 마음이 편해진다. 엄마 품에 안겨 젖 냄새를 맡은 아기처럼. 푸른 바다를 보면 마음이 시원해진다. 푸른빛 감도는 극지방의 해빙처럼. 날아갈 듯 강한 바닷바람이 옷깃을 파고들면 마음이 가벼워진다. 바람을 타고 하늘로 치솟는 바닷새처럼.

바다는 알면 알수록 참 재미있고 신비한 곳이다. 넓고 깊은 만큼 모르는 것도 많다. 알고 있더라도 막상 설명하려면 너른 바다처럼 아득하다. 바닷물이 무슨 색깔이냐고 물으면 돌아오는 답은 열에 아홉 파란색이다. 우리가 보는 바닷물이 언제나 파란색일까? '바닷물은 파란색이다'라는 굳어진 생각에서 벗어나보자. 바닷물은 카멜레온을 닮았다. 주변 상황에 따라 때론 붉게, 때론 누렇게, 때론 검게 보이기도 한다. 황금색과 은색으로 옷을 갈아입기도 한다.

첫째 장 '바다는 카멜레온을 닮았다'에는 바닷물 빛깔에 관한 이야기를 포함해 도대체 바다가 얼마나 넓고 깊은지, 바닷물은 왜 그리고 얼마나 짠지, 바닷물도 강물처럼 흐르는지, 파도는 누가 만드는지 등 바다에 대해 흔하게 품는 궁금증을 풀어줄 시원한 대답이 들어 있다.

둘째 장 '모든 생명체의 고향, 바다'에는 바다는 어떻게 생겨났을까, 바다에는 얼마나 많은 생물이 살까, 심해에도 생물이 살까, 우주에 또 다른 바다가 있을까, 소행성이 바다에 떨어진다면, 해저지진으로 생긴 지진해일(쓰나미)이 밀려온다면, 바닷물이 다 증발해 버린다면 바닷속은 어떤 모습일지, 바다가 없었더라면 등 한 번쯤은 품어보았을 의문에 대한 답변을 모았다.

셋째 장 '바다의 건강을 지켜라'에는 지구온난화로 더워지는 바다, 매립으로 사라지는 갯벌, 쓰레기로 골치를 앓는 바다, 유류 유출 사고로 만신창이 된 바다 등 바다의 건강을 걱정하는 내용을 모았다. 바다는 지구에서 최초로 생명체가 탄생한 고향이자 지구를 생명력 넘치는 행성으로 만들어준 장본인이다. 인간을 비롯하여 모든 지구 생명체가 의존하고 깃들여 사는 보금자리 바다가 병들면 우리도 아프다. 우리가 바다를 아끼고 건강하게 유지해야 하는 이유를 조목조목 풀어놓았다.

넷째 장 '자원의 보물창고, 바다'에는 바다 보물창고 속에 저장된 온갖 자원에 대한 글을 모았다. 우리는 바다로부터 다양한 혜택을 받고 있다. 바다는 우리의 식량 창고이자 광산이며 병원, 약국, 발전소, 저수지, 온도 조절기, 정수기, 고속도로, 놀이터의 역할을 한다. 인간의 삶에 바다가 얼마나 소중한 곳인지 느낄 수 있는 장이다.

마지막 장 '세계 속의 우리 바다'에는 바다를 둘러싼 세계 여러 나라의 경쟁, 우리 바다 지키기, 남·북극에 우리의 영향력을 펼쳐나가는 등 바다를 둘러싼 여러 가지 문제와 이를 해결하기 위한 우리의 노력이 담겨 있다.

이 책에 실린 바다상식은 그동안 신문과 잡지 등에 기고한 글 가운데 바다의 환경과 자원 관련 내용을 추려 다시 정리한 것이다. 독자들의 이해를 돕기 위해 발품을 팔아 바다를 다니며 부지런히 갈무리한 사진도 보탰다. 가까이하기엔 너무 먼 바다가 가깝게 다가와 많은 분들과 친구가 되었으면 한다.

김웅서

차례

바닷물이 깨끗한 정도에 따라 빛이 들어갈 수 있는 깊이는 다르지만
물이 탁한 연안에서 빨간색은 해수면으로부터 5미터,
주황색과 보라색은 10미터, 노란색은 20미터, 초록색은 30미터 정도에서
모두 흡수되고 남은 푸른색이 가장 깊이 들어가기 때문에
바닷속으로 잠수하면 주변이 온통 푸르게 보인다.

1장

:

바다는 카멜레온을 닮았다

바닷물 이야기

바다는 얼마나 넓고 깊을까?

바다는 하나로 연결되어 있다. 그렇지만 모든 바다가 다 같은 것은 아니다. 말하자면 급수가 있다. 태평양처럼 큰 바다도 있고 동해처럼 태평양에 속한 작은 바다도 있다. 태평양, 대서양, 인도양처럼 규모가 큰 바다를 작은 바다와 구별하여 흔히 대양이라 부르며, 경우에 따라서는 남극해(남빙양)와 북극해(북빙양)를 더해 오대양이라 한다. 남극대륙을 둘러싼 바다를 영어로는 남극해나 남빙양 대신 남대양(Southern Ocean)이라고도 한다. 2000년 국제수로기구(IHO)에서 남극대륙을 둘러싸고 있는 태평양, 대서양, 인도양의 남쪽 바다를 묶어서 새로이 붙인 이름이다. 위도로 구분하자면 남위 60도 이남부터 남극대륙 사이의 바다가 되겠다.

한자로는 작은 바다를 해(海)라 하고 큰 바다를 양(洋)이라 한다. 그러므로 해양이라고 하면 큰 바다와 작은 바다 모두를 말한다. 영어로는 작은 바다를 시(sea)로, 큰 바다를 오션(ocean)으로 구분해서 쓰지만, 두 단어를 구별 없이 쓰기도 한다. 규모가 작은 바다에는 한반도 주변의 황해와 동해, 동중국해 등이 있고, 태평양에 속하는 베링 해와 필리핀 해, 대서양에 속하는 카리브 해와 북해, 지중해, 인도양에 속하는 홍해와 아라비아 해 등 그 수는 아주 많다.

그러면 바다는 얼마나 넓을까? 지구 표면의 71퍼센트가 바다라는 사실은 너무나 잘 알려져 있다. 자료마다 조금씩 차이가 있기는 하지만 바다의 총면적은 약 3억 6200만 제곱킬로미터이다. 대양별로 표면적을 살펴보면 태평양이 1억 6900만 제곱킬로미터이고, 그다음이 대서양으로 8500만 제곱킬로미터, 뒤를 이어 인도양이 7100만 제곱킬로미터, 남극해가 2200만 제곱킬로미터, 북극해가 1500만 제곱킬로미터 정도이다.

태평양은 단연코 가장 넓은 바다이다. 표면적으로 보면 지구 전체 바다의 약 47퍼센트를 태평양이 차지하고 있다. 한반도 면적이 22만 2000제곱킬로미터이니, 태평양은 한반도보다 약 760배나 더 넓은 셈이다. 두 번째로 넓은 대서양과 비교하더라도 거의 2배에 가까운 넓이이며, 대서양과 인도양을 합하더라도 태평양 넓이에는 못 미친다. 태평양의 규모가 얼마나

_태평양과 대서양, 인도양을 중심으로 본 대륙과 바다

_지구상에서 가장 넓고 깊은 바다 태평양의 일몰(북서태평양)

어마어마한지 실감할 것이다.

이번에는 수심을 살펴보자. 도대체 바다는 얼마나 깊을까? 평균 수심도 자료마다 약간의 차이가 있다. 위키피디아에 따르면 전 세계 바다의 평균 수심은 3688미터라고 알려져 있다. 얼추 3700미터라고 기억하면 될 듯하다. 태평양은 평균 수심이 3970미터로 대양 가운데 넓이뿐만 아니라 수심도 1등이다. 대서양의 평균 수심은 3646미터이며 인도양은 3741미터, 남극해는 3270미터, 북극해는 1205미터이다. 넓이에서는 대서양이 인도양보다 더 앞서지만 평균 수심은 인도양이 조금 더 깊다.

이제 대양별로 가장 수심이 깊은 곳은 얼마인지 알아보자. 태평양의 경우 가장 수심이 깊은 곳은 1만 1034미터로 필리핀 부근의 마리아나 해구에 있다. 이 수심은 최근 측정값 1만 994미터에 수심 오차 40미터를 고려하여 최대로 계산한 값이다. 마리아나 해구 정도의 깊이라면 육지에서 가장 높은 해발 8848미터의 에베레스트 산에다 우리나라에서 가장 높은 해발 1950미터의 한라산까지 덤으로 얹어서 넣어도 한라산 백록담이 바다에 잠겨 보이지 않을 터이다. 대서양의 경우 푸에르토리코 해구에서 8839미터, 인도양의 경우 자바 해구에서 7725미터, 남극해의 경우 사우스 샌드위치 해구에서 7235미터, 북극해의 경우 5450미터이다.

그렇다면 바닷물 양은 얼마나 될까? 태평양은 약 6억 7000만 세제곱킬로미터, 대서양은 3억 6000만 세제곱킬로미터, 인도양은 2억 세제곱킬로미터, 남극해는 1억 2000만 세제곱킬로미터, 북극해는 1700만 세제곱킬로미터 정도 된다. 이를 다 더해보면 지구에 있는 바닷물의 총량은 13억 7000만 세제곱킬로미터가 된다. 지구 전체 바닷물을 1톤 트럭으로 한꺼번에 나른다고 가정한다면 트럭이 무려 137경 대가 필요한 셈이다. 숫자 단위 가운데 아무리 많아도 조 이상을 들어볼 기회는 거의 없다. 경은 조의 1000배를 말한다. 137경을 숫자로 한번 써보자. 답은 137 뒤에 0이 16개나 붙는 1,370,000,000,000,000,000이다.

막힌 곳 없이 하나로 연결된 바다라도 다 같은 바다가 아니다. 올림픽 경기처럼 굳이 종합 점수를 매긴다면 태평양이 단연 으뜸이고 그 뒤를 대서양, 인도양, 남극해, 북극해가 쫓고 있다.

바닷물은 왜 짤까?

'바닷물' 하면 무엇이 가장 먼저 머리에 떠오를까? 대답은 열이면 아홉은 틀림없이 '짜다'이다. 바닷물은 왜 짤까?

옛날에 가난한 농부가 도깨비에게 쌀을 주고 대신 무엇이든 원하는 것을 만들어내는 요술맷돌을 얻었다. 이 사실을 안 이웃 어부가 요술맷돌을 어떻게 사용하는지 알아내고는 훔쳐 달아나 버렸다. 하루는 어부가 훔친 요술맷돌을 배에 싣고 물고기를 잡으러 바다로 나갔다. 평소보다 물고기를 많이 잡은 어부는 물고기를 소금에 절이려고 요술맷돌로 소금을 만들었다. 소금을 충분히 만들었다고 생각한 어부는 맷돌을 멈추려고 했으나 멈추는 방법이 생각나지 않았다. 맷돌은 계속 소금을 만들어냈고, 결국 배는 소금으로 가득 차 바닷속으로 가라앉아 버렸다. 이때 가라앉은 맷돌이 지금도 계속 소금을 만들기 때문에 바닷물이 짜졌다고 한다.

어릴 적 기억 속 정답은 이런 이야기 속에서 찾을 수 있다. 하지만 바닷물이 짠 이유를 동화 속에서가 아니라 과학적으로 설명하기란 쉽지 않다. 여기에는 두 가지 설이 있는데 하나는 오랜 세월 육지의 소금이 빗물에 녹아 바다로 흘러들었다는 설이고, 다른 하나는 해저화산 활동으로 염분이 만들어졌기 때문이라는 설이다. 첫 번째 설을 좀 더 설명하자면, 염분을 포함하고 있는 육지의 암석은 오랜 세월 동안 빗물에 녹아 바다로 흘러 들어간다. 이후 바다에서는 물만 증발하고 소금이 남는데, 그래서 바닷물이 짜졌다는 설명이다. 두 번째 설은 바닷속에서 화산 활동이 일어나면서 소금이 바닷물로 공급되어 짜졌다는 것으로, 말하자면 바닷속 화산이 요술맷돌처럼 소금을 만들어냈다는 설명이다.

바닷물에 녹아 있는 여러 무기물질의 전체 양을 염분이라고 한다. 바닷물에는 다양한 물질이 녹아 있으나 그중 가장 많은 것은 염화나트륨($NaCl$), 즉 우리가 조미료로 먹는 소금으로, 전체 염분의 85퍼센트 이상을 차지한다(표 참조). 바닷물에 포함된 염분의 양을 나타내는 단위로 예전에는 천분율을 의미하는 퍼밀(‰) 또는 피피티(ppt, parts per thousand)를 많이 사용했다. 그러나 최근에는 바닷물의 전기전도도를 측정해서 염분을 표시하는 실용염분단위 피에스유(psu, practical salinity unit)를 많이 사용한다. 바닷물 1000그램 속에는 염분이 평균 35그램 들어 있으며, 이때 염분은 35피에스유

화학 물질	퍼센트(%)
염소 이온(Cl^-)	55.04
나트륨 이온(Na^+)	30.61
황산 이온(SO_4^{2-})	7.68
마그네슘 이온(Mg^{2+})	3.69
칼슘 이온(Ca^{2+})	1.16
칼륨 이온(K^+)	1.10

표. 바닷물 속에 녹아 있는 주요 무기물질의 상대적인 양

가 된다.

염분은 여러 가지 물리·화학적 방법으로 측정할 수 있다. 1800년대 말에는 염분에 따라 물의 밀도(단위 부피당 질량)가 달라지는 물리적 성질을 이용하여 비중계(액체나 고체 따위의 비중을 재는 장치)로 염분을 측정했다. 우리는 헤엄칠 때 강물에서보다 바닷물에서 몸이 더 잘 뜨는 것을 경험한다. 바닷물이라도 염분이 높으면 높을수록 몸이 더 잘 뜬다. 이런 원리를 생각하면 쉽게 이해할 것이다. 1960년대까지는 주로 질산은($AgNO_3$)을 사용하여 염소(Cl)량을 알아내는 화학적 적정 방법으로 염분을 측정했다. 1960년대 이후에는 소금물이 전기가 더 잘 통하는 원리를 이용한 전기전도도로 염분을 측정했다. 최근에는 전기전도도, 수온, 수심을 잴 수 있는 시티디(CTD, Conductivity, Temperature, Depth)라는 장비를 이용하여 현장에서 측정한 자료를 바로 컴퓨터에 입력하여 실시간으로 염분을 분석할 수 있다. 이런 장비가 없던 과거에는 바닷물을 유리병에 직접 담아 와서 실험실에서 측정 기계로 재야 했기 때문에 상당히 불편했다. 염분에 따라 빛의 굴절률이 달라지는 현상을 이용한 굴절계(refractometer)를 사용하는 방법도 있다. 이는 간편하게 염분을 측정할 수 있다는 장점이 있지만 다른 방법에 비해 정확도는 떨어진다.

과거 수백만 년 동안 바닷물의 평균 염분은 거의 일정했으며, 바닷물 속에 녹아 있는 여러 염분의 상대적 비율도 어느 곳에서나 일정한 것으로 알려져 있다. 그러나 염분은 환경에 따라 변화가 있어 강물 유입이 많은 흑해나 발트 해에서는 아주 낮고, 홍해나 사해처럼 증발량이 많은 곳에서는 아주 높다. 흑해는 염분이 약 18피에스유이고 발트 해는 이보다 낮아 8피에스유 정도이다. 그렇지만 홍해는 강물의 유입이 없고 강우량도 적은 반면 증발량이 많아 염분이 40피에스유나 된다. 사해는 평균 해수면보다 395미터나 낮은, 세계에서 가장 낮은 곳에 위치한 호수로 엄밀히 말해 바다는 아니다. 그러나 염분은 300피에스유 이상 되어 보통 바닷물보다 거의 10배나 높다. 염분이 높아지면 물의 밀도가 높아지고 아울러 부력도 커져 사해에서는 수영을 하지 못하더라도 물에 빠질 염려가 없다. 심지어는 물에 누워 신문을 읽을 수 있을 정도로 부력이 크다. 사해(死海)는 한자어 표기에서도 알 수 있듯이 염분이 아주 높아 박테리아를 제외한 생물이 살 수 없기 때문에 붙은 이름이다.

우리 주변에서 이제는 쉽게 찾아보기 힘들지만 염전에 가보면 바닷물이

_전라북도 곰소 염전

염전에서 만들어진 소금

증발하고 난 후 하얀 소금 덩어리가 남아 있는 것을 볼 수 있다. 그렇다면 바닷물 속에는 도대체 소금이 얼마나 들어 있을까? 만약 전 세계 바닷물을 모두 증발시켜 만든 소금을 육지에 쌓는다면, 육지는 약 150미터의 소금 더미에 뒤덮인다는 계산이 나온다. 즉 육지가 건물 40~50층 정도 높이의 소금 산에 덮여버린다는 의미이다.

소금은 예부터 우리 생활과 밀접한 관계가 있다. 역사적으로 소금은 국가의 중요한 수입원이었다. 고려시대에는 도염원(都鹽院)을 두고 소금을 국가에서 직접 판매하여 재정 수입을 올렸다. 조선시대에도 관가에서 소금을 판매했고 백성들은 쌀이나 옷감을 소금으로 바꾸기도 했다. 일제 강점기에도 소금은 전매품이었고, 소금이 귀하던 시절에는 소금장수가 가장 인기 있는 사윗감이기도 했다. 서양에서도 우리나라와 비슷하게 소금의 가치가 높았다. 영어로 봉급을 샐러리(salary)라고 하는데, 이 말의 어원은 라틴어의 살라리움(salarium)으로 로마 병사들에게 봉급으로 소금을 지급했던 데서 유래했다. 이 소금은 화폐로도 통용되어 다른 물건을 살 수 있었다.

소금은 또한 음식의 부패를 방지하여 식품 저장에도 요긴하게 쓰인다. 부패를 방지하는 이러한 기능 때문에 지금도 사회 부정부패를 막는 표현으로 소금을 은유적으로 사용한다.

바닷물에 흔한 것이 소금이지만 인간은 소금 없이 살 수 없다. 그래서 고대인들은 소금에 초자연적 힘이 있다고 믿었다. 이 때문에 여러 전설이나 신앙이 생겨났는데, 우리나라에서는 나쁜 것을 쫓을 때 소금을 뿌리는 관습이 있었고, 태국에서는 아이를 낳은 후 소금물로 몸을 씻으면 악령으로부터 몸을 지킬 수 있다고 믿었다.

바다생물은 어떻게 소금물을
마시고도 살 수 있을까?

지구 생명체는 바다에서 시작되었다고 알려져 있고 그 근거 중 하나로 혈액 성분이 바닷물 성분과 비슷하다는 점을 꼽는다. 그렇다면 과연 염분은 생물과 어떤 관계가 있을까?

생물을 이루는 기본 단위는 세포이다. 세포는 세포막으로 둘러싸여 주변과 분리되어 있다. 세포막은 세포 안에 들어 있는 물질을 보호하고 세포 간 물질 이동을 조절한다. 이 세포막은 선택적으로 물질을 투과시키는 특이한 성질이 있는 반투과성 막으로, 물은 이 반투막을 통과할 수 있으나 물에 녹아 있는 염분은 통과할 수 없다. 농도가 높은 물과 농도가 낮은 물을 섞으면 중간 농도가 되는 것이 자연의 법칙이다. 그러므로 만약 체액의 농도가 외부 액체보다 높으면 체액 내 염분이 외부로 빠져나가거나 외부의 물이 체액으로 들어와 농도를 낮추어야 한다. 이미 설명한 대로 세포막은

_부리 위에 염분 배출 구멍이 있는 바다제비

_민물에서만 사는 누치

_바다와 강을 오가는 연어

물만 통과시키는 반투막이기 때문에 외부의 물이 반투막을 통과해 체내로 들어가 농도 차를 줄인다. 반대로 체액의 농도가 외부 액체보다 낮다면 체액의 물이 몸 밖으로 나오는데 이를 삼투현상이라고 한다.

바다에 살고 있는 대부분의 무척추동물은 체액이 바닷물의 염분과 비슷하여 삼투압 조절에 신경 쓸 필요가 없다. 그러나 바다에 사는 대부분의 척추동물처럼 체액과 주변 바닷물의 염분이 다를 경우에는 삼투현상을 조절하는 능력이 있어야 한다. 예를 들어 바다에 사는 물고기는 바닷물의 염분이 체액보다 더 높기 때문에 물을 몸 밖으로 빼앗긴다. 따라서 탈수 현상을 막기 위해 짠 바닷물을 마시고 이때 몸속으로 들어오는 염분을 아가미에 있는 염분 배출 세포를 통해 밖으로 버림으로써 체내 염분을 일정하게 조절한다. 반대로 민물고기는 체액의 농도가 민물보다 더 높아 밖에서 체내로 물이 들어오므로 이 물을 콩팥을 통해 소변으로 배설하는데 이때 신장에서는 염분의 유출을 막기 위해 염분을 다시 흡수한다.

이렇듯 바닷물고기는 바닷물에, 민물고기는 민물에 적응해 살아간다. 바닷물고기를 민물에 넣거나 민물고기를 바닷물에 넣으면 죽지만, 삼투압을 조절할 수 있는 연어나 뱀장어는 바닷물과 민물을 오가며 산다. 바다거북이나 바닷새도 눈 밑에 과다한 염분을 내보낼 수 있는 기관이 있어 먹이와 같이 먹은 염분을 몸 밖으로 방출할 수 있다. 외부 액체의 농도가 높을 때 생물이 삼투압 조절을 못한다면 수분을 빼앗겨 김장철 소금에 절인 배추처럼 쭈글쭈글해지고, 반대로 체액의 농도가 높을 때는 외부에서 물이 들어와 몸이 퉁퉁 부풀어 오른다.

바닷물은 카멜레온을 닮았다

화창하게 맑은 날, 탁 트인 바닷가에 서서 멀리 수평선을 바라보면 마음까지 푸른빛으로 물든다. 바닷물은 그 많은 빛깔 가운데 왜 하필이면 푸른색으로 보일까? 그 해답은 햇빛에 있다.

태양에서 오는 빛은 여러 가지 색깔로 되어 있다. 프리즘을 통과한 햇빛이 만드는 무지개를 생각하면 이해가 쉽다. 햇빛이 해수면을 통과하면 마치 프리즘을 통과할 때처럼 파장이 다른 빛은 각기 다른 반응을 보인다. 적외선은 해수면 10센티미터 이내에서 모두 흡수되어 열로 변한다. 바닷물이 깨끗한 정도(투명도)에 따라 빛이 들어갈 수 있는 깊이는 다르지만 물이 탁한 연안에서 빨간색은 해수면으로부터 5미터, 주황색과 보라색은 10미터, 노란색은 20미터, 초록색은 30미터 정도에서 모두 흡수되고 남은 푸른색이 가장 깊이 들어가기 때문에 바닷속으로 잠수하면 주변이 온통 푸르게 보인다. 그래서 알록달록 화려한 바닷속 풍경 사진을 찍으려면 플래시가 있어야 한다.

하늘이 푸른 것은 빛의 산란 때문이다. 바다가 푸르게 보이는 것도 바닷물 속에 떠 있는 여러 가지 알갱이에 빛이 산란되기 때문이다. 그렇지만 바닷물 색깔은 기상 상태, 바닷물 속에 사는 생물, 주변 환경 등에 따라 바뀔 수 있다. 바닷물은 구름 한 점 없이 맑게 갠 날 더 푸르게 보이고 구름이 잔뜩 낀 날은 잿빛으로 보이며 해질녘에는 붉은색으로 물들기도 한다.

바닷물 색깔은 그 속에 사는 생물에 따라서도 변할 수 있다. 육지에서 가까운 바닷물과 먼 바닷물은 빛깔이 다르다. 연안에는 식물플랑크톤이 많이 있어 바닷물이 녹색으로 보이지만 먼 바다는 식물플랑크톤이 적어 짙푸른 코발트색으로 보인다. 한편 식물플랑크톤이 늘어나 적조가 생기면 식물플랑크톤 종류에 따라 바닷물이 짙은 커피색이나 붉은색으로 바뀌기도 한다. 산호초가 부서져 생긴 하얀 모래가 깔려 있는 열대 바다에서는 바닷물이 옥색으로 보이며, 바닷물 속에 펄이 많으면 누렇게 보이기도 한다.

세계의 바다는 바닷물 색깔에 따라 이름이 붙기도 한다. 우선 황해라는 이름을 보자. 우리나라와 중국의 큰 강에서 누런 진흙이 많이 흘러드는 이 바다는 바닷물 색깔이 누렇기 때문에 황해라고 부른다. 북아프리카와 사우디아라비아 반도 사이에 있는 홍해의 바닷물은 붉은빛이 돈다. 붉은 색소가 있는 남조류(청록박테리아) 플랑크톤의 일종인 트리코데스미움(*Trichodesmium*)이 많기 때문이다.

한편 러시아의 북극권에 있는 백해는 연중 6~7개월 동안 얼음과 눈에 덮여서 하얗게 보이기 때문에 백해라고 부른다. 터키와 동유럽 여러 나라에 둘러싸인 흑해는 역사적으로 여러 가지 이름이 있었으며, 흑해라는 이

_검게 보이는 흑해(러시아 겔렌지크)

_황토가 많이 섞인 황해(충청남도 서천)

_대양의 푸른 바다(태평양)

_석양에 붉게 물든 바다(인도양)

_연안의 녹색 바다(아라비아 해)

_해가 지고 난 후의 잿빛 바다(인도양)

_탄산칼슘이 많이 녹아 옥색으로 보이는 바다(남태평양 팔라우)

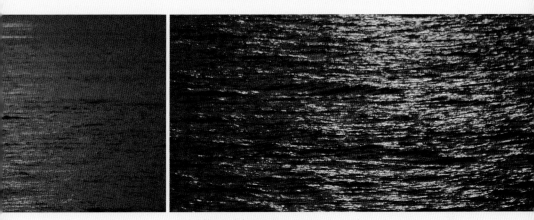

_석양의 황금빛 바다(남중국해)

_햇빛에 반사된 은빛 바다(남중국해)

름으로 부르게 된 시기는 오스만튀르크가 이곳을 점령하고 난 15~16세기 이후이다. 흑해는 폭풍이 몰아치거나 안개가 짙게 드리우면 바닷물이 검게 보인다. 그러나 흑해라고 부르는 이유는 바닷물이 검게 보이는 것보다 갑작스러운 폭풍이나 안개로 인해 바다가 위험하기 때문이라는 이야기도 있다. 육지로 둘러싸인 흑해의 저층은 오염이 심해 산소가 부족하고 황화수소가 많아서 검게 보인다는 것이 최근 해양 탐사로 밝혀졌다. 이런 이유로 흑해의 바닥에서는 생물이 살기 어렵다. 어두운 느낌을 주는 검은색의 바다, 흑해의 미래가 이름에서 이미 예견된 셈이다.

바닷물도 흐른다

천둥 소리를 내며 바위를 휘돌아 흘러내리는 계곡물, 자갈과 모래를 굴리며 졸졸 흐르는 시냇물, 유유히 흐르는 강물처럼 경사가 있으면 물은 흐르게 마련이다. 고여 있는 호수처럼 보이는 바닷물은 어떨까? 바닷물도 수온과 염분의 차이에 따른 밀도 차이, 해수면 높낮이 차이, 해저지형, 바람 등 여러 가지 원인 때문에 움직인다.

바닷물이 강물처럼 일정한 방향으로 흐르는 것을 해류라고 한다. 해류는 만들어지는 원인에 따라, 바람이 만드는 취송류(吹送流, wind-driven current), 밀도 차이가 만드는 밀도류(密度流, density current), 해수면 높낮이 차이가 만드는 지형류(地衡流, geostrophic current) 등이 있다. 육지와 가까운 바다에서는 해저지형이나 바람의 영향으로 바닥의 바닷물이 표층으로 올라오는 용승류(湧昇流, upwelling)가 만들어지기도 하고, 반대로 표층 바닷물이 깊은 곳으로 가라앉는 침강류(沈降流, downwelling)가 생기기도 한다.

해류는 지구 자전의 영향으로 전 지구적 규모로 볼 때 북반구에서는 시계 방향으로, 남반구에서는 시계 반대 방향으로 흐른다. 적도 부근 바다의 더운 바닷물은 고위도로 흘러가는데 이를 난류(暖流)라고 하고, 극지방의 찬 바닷물이 저위도로 흐르는 것을 한류(寒流)라고 한다. 해류는 이처럼 적도와 극지방 사이에서 열을 많이 운반함으로써 지구 전체의 열 수지가 균형을 이루도록 하여 기후 조절에 큰 역할을 한다. 예를 들어 북서태평양의 쿠로시오와 북서대서양의 멕시코 만류는 따뜻한 바닷물을 고위도로 전달하고, 북동태평양의 캘리포니아 해류와 남동태평양의 페루 해류는 차가운 바닷물을 저위도로 전달한다. 만약 해류가 없었다면 극지방은 지금보다 더욱 춥고, 적도 지방은 지금보다 훨씬 더울 것이다.

우리나라 주변 바다에는 쿠로시오, 쓰시마 난류, 한국연안류, 북한한류

_검게 보이는 쿠로시오(동중국해)

등 여러 해류가 흐른다. 쿠로시오는 필리핀 근처에서 우리나라 쪽으로 흘러오는 난류이며, 이 난류가 제주도 남쪽에서 갈라져 대한해협을 지나는 것이 쓰시마 난류이다. 쿠로시오는 일본 말로 '검은 해류'이다. 바닷물 속에 식물플랑크톤을 잘 자라게 하는 비료 성분인 영양염류가 적어 식물플랑크톤이 많지 않기 때문에 바닷물 색깔이 검푸르게 보여 이렇게 부른다. 쿠로시오는 초속 150~250센티미터 정도로 흐르며 사람이 걷는 속도보다 빠르다. 수온이 높고 염분이 많은 쿠로시오가 북쪽에서 오는 한류와 만나는 곳은 찬 바닷물과 더운 바닷물을 좋아하는 물고기들이 모두 모여들어 좋은 어장이 형성된다. 우리나라 서해에는 한국연안류가 흐르고, 동해에는 북쪽에서 차가운 리만 해류와 북한한류가 내려온다.

바닷물이 흐르는 것은 어떻게 알았을까? 예전에는 해류병을 바닷물에 띄워 흐름을 조사했다. 해류병은 무게를 조절하기 위해 모래를 조금 넣은 빈 병으로 물에 띄운 장소와 날짜, 발견하면 회신해줄 주소 등을 적은 메모지를 넣고 마개로 막은 것이다. 바닷물에 떠다니던 해류병을 발견한 사람이 병 속에 들어 있는 메모지에 발견 위치와 날짜를 적어 보내주면 병을 띄워 보낸 위치와 비교하여 해류를 알 수 있는 원시적 방법이다. 지금은 무선 신호를 송신하는 부표를 띄우고 수신기로 부표의 움직임을 추적해서 해류의 정확한 경로를 알 수 있고, 해류계를 바닷속에 설치해서 해류를 측정하기도 한다.

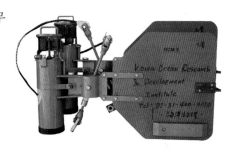

_해류를 측정하는 해류계

파도는 왜 생길까?

바닷가로 끊임없이 밀려오는 파도는 어떻게 만들어질까? 파도는 바람이 얼마나 세게 부는지, 또 얼마나 오랫동안 부는지, 바람과 해수면이 접촉하는 면적이 얼마나 큰지에 따라서 크기가 결정된다. 즉 바람이 넓은 지역에서 오랫동안 세게 불수록 파도는 커진다.

파도의 봉우리에서 봉우리까지 또는 골에서 골까지의 수평 거리를 파장이라고 한다. 또 파도의 골에서 봉우리까지의 수직 거리를 파고라고 한다. 파도는 해안으로 밀려오면서 파고가 높아지고 결국 깨져서 흩어진다. 이는 파도가 수심이 낮은 해안으로 오면서 아래쪽은 바다 밑바닥과의 마찰 때문에 속도가 느려지고 바다 표면에 가까운 위쪽은 속도가 상대적으로 빨라 결국 파도의 봉우리가 앞으로 넘어지기 때문이다.

파도를 보면 물결이 해안 쪽으로 전진하는 것처럼 보이지만, 해수의 물덩어리 자체는 그 자리에서 원운동을 하고 에너지만 전달된다. 이것은 줄의 양쪽 끝을 잡고 흔들면 줄은 그 자리에 있고 진동파만 전달되는 것과 같은 이치이다. 파도 중에는 파고가 30미터나 되는 것이 있다. 해저화산의 폭발이나 해저지진 등으로 해면의 일부가 높아지거나 낮아지면서 생긴 진동이 연안까지 전달되어 지진해일이 만들어지는데 이 지진해일의 파고가 대략 10여 층 건물의 높이가 되니 가히 위력을 짐작할 수 있다. 마치 칠판 지우개처럼 육지를 깨끗이 지워버릴 만한 위력으로 특히 해안 지방에 큰 피해를 입힌다.

파도는 해안과 경사지게 밀려오다가도 해안에 점점 가까이 다가올수록 해안과 평행하게 된다. 이는 연안으로 다가올수록 수심이 낮아지므로 바닥과의 마찰로 파도의 속도가 달라져 방향이 바뀌는 굴절 현상이 일어나기 때문이다. 또 이러한 현상으로 파도는 곶처럼 돌출된 부분에 더 세게 부딪쳐서 튀어나온 부분은 침식이 더 빨리 일어난다. 반면 움푹하게 들어간 만에서는 파도 에너지가 분산되어 파도의 영향이 줄어들기 때문에 퇴적물이 쌓인다. 결과적으로 돌출된 곳이 깎이고 움푹한 곳은 메워지므로 굴곡이 있는 해안이라도 언젠가는 해안선이 거의 직선에 가까워진다. 옛 선원들이 "곶이 파도를 끌어당긴다"라고 경험적으로 한 말도 이러한 이유에서 비롯된 것으로 생각된다.

해안에 평행하게 밀려오는 파도(강원도 삼척)

바다가 고요하다고?

바닷속은 고요한 정적이 흐르는 침묵의 세계라고 생각하기 쉽다. 그러나 우리가 육상에서 수많은 소리에 휩싸여 생활하듯 바다도 배의 엔진 소리, 파도 소리, 빙산이 깨지는 소리, 해저화산이 폭발하는 소리를 비롯한여러 가지 소리 때문에 무척이나 시끄럽다. 또한 바닷속에는 수다를 떠는물고기가 많이 살고 있다. 한 예로 복어는 부레로 소리를 내는데 뱃고동 소리나 노인의 중얼거림처럼 들리며 소리의 세기도 100데시벨(dB) 정도나돼서 기차가 달리는 소리만큼이나 시끄럽다. 참고로 소리의 크기는 데시벨 단위로 표시하며 고래의 소리는 100데시벨이 넘고 선박의 엔진 소리는65~90데시벨 정도이다.

예전에 흔하던 조기는 수다 때문에 지금은 맛보기조차 어려워졌다. 어군탐지기가 없던 시절에도 어민들이 바닷속에 대롱을 넣고 조기가 수다를떠는 소리를 찾아 조기 떼를 잡았기 때문이다. 이 대롱은 의사가 사용하는 청진기 역할을 대신했다. 망둑어는 산란기가 되면 개구리처럼 소란스럽게 떠들어 암컷을 부르고, 성대는 소리를 내서 위험을 알리며, 쥐치는 놀라면 찍찍거리는 소리를 낸다. 놀래기는 북치는 소리를 내서 다른 물고기를 위협하고, 방어는 헤엄치면서 소리를 낸다. 새우도 마른 콩을 아스팔트 위에 뿌리는 듯 시끄러운 소리를 내고, 고래는 다양한 소리로 서로 의사소통을 한다. 이처럼 바닷속은 생물들이 내는 소리에 인간들이 내는 소리가 더해져 소음 공해로 시달리고 있다.

소리는 공기 중에서보다 물속에서 더 빨리 전달된다. 바닷물의 밀도가 공기보다 크기 때문이다. 예를 들어 소리는 공기 중에서 1초 동안 340미터를 갈 수 있는데, 이는 시속 1224킬로미터로 제트여객기보다 빠른 속도이다(물론 소리의 속도보다 빠른 초음속 비행기도 있기는 하다). 공기보다 밀도가 큰 물속에서는 소리의 속도가 훨씬 빨라져서 섭씨 8도의 물에서는 1초에 1435미터 속도로 소리가 전달되며, 물보다 밀도가 높은 쇠파이프에서는

_꾹꾹 소리를 내는 성대

_찍찍 소리를 내는 쥐치

1초에 약 5000미터나 갈 수 있다.

　소리의 전달 속도는 수온, 염분, 수심에 따라 약간의 차이가 난다. 물속에서는 소리가 빛이나 전파보다도 더 멀리 전달되므로 통신수단으로서 이용가치가 크다. 빛은 아무리 깨끗한 바닷물에서라도 표면에서 수백 미터만 들어가면 거의 흡수되어 버린다. 그래서 심해는 빛이 없는 암흑의 세계이다. 전자기파도 수십 센티미터 정도밖에는 전달되지 못한다.

　수중 통신수단으로서 음파의 중요성을 알린 사람은 이탈리아의 예술가이자 과학자인 레오나르도 다 빈치(Leonardo da Vinch, 1452~1519)이다. 하지만 물속에서 소리의 속도를 직접 재기 위한 실험은 한참 뒤인 1827년에 이루어졌다. 스위스 물리학자 다니엘 콜라돈(Daniel Colladon, 1802~1893)과 프랑스 수학자 샤를 스튀름(Charles Sturm, 1803~1855)은 스위스의 한 호수에서 배 두 척을 약 13킬로미터 떨어지게 정박해놓고, 한 배에는 커다란 종을 매달아 물속에 넣어두고 다른 한 배에는 소리를 들을 수 있는 깔때기 모양의 원통을 설치했다. 그러고는 종을 치는 것과 동시에 화약을 터뜨려 다른 배에서는 이 불꽃을 보는 순간부터 종소리가 들리는 순간까지의 시간을 측정했다. 비록 원시적 실험 방법이긴 했으나 이때 계산한 음속은 지금 우리가 사용하는 수치와 큰 차이가 없다.

　수중에 있는 물체를 음파를 이용해 찾는 연구는 1912년 타이태닉(Titanic)호가 처녀 항해 때 빙산에 부딪쳐 침몰한 사고를 계기로 본격화되었다. 미국의 레지널드 페센든(Reginald Fessenden, 1866~1932)은 사고 2년 후인 1914년 음파를 이용해 약 3.2킬로미터 떨어진 빙산을 탐지했다. 같은 해 시작된 제1차 세계대전을 거치며 대잠수함 작전의 필요성에서 수중

음향에 관한 연구가 활발해졌다. 1916년까지는 잠수함의 엔진에서 나오는 소리를 수중 마이크와 증폭기를 사용해 수동적으로 탐지했다. 그러나 1918년에는 음파를 이용해 능동적으로 잠수함을 찾을 수 있는 장비를 개발해 잠수함이 엔진을 끄더라도 찾을 수 있었다. 제2차 세계대전 당시 미군은 음파탐지기(SONAR, Sound Navigation and Ranging)를 사용하여 독일 잠수함 유보트(U-boat)에 대응한 대잠작전을 성공적으로 수행했다.

수중 음향 연구는 군사 목적으로만 활용하는 것은 아니다. 지금은 웬만한 어선에도 어군탐지기가 있을 정도로 실생활에서도 활용도가 넓어졌다. 음파는 수심과 유속 측정, 해저지형 연구, 해양 목장의 먹이 시설, 바다에 사는 생물의 분포 파악 등에도 활용한다. 이처럼 바다에서 소리는 쓰임새가 많다. 음파는 바다 깊이를 측정하거나 해저지형도를 그리는 데도 활용한다. 예전에는 추를 매단 밧줄을 내려뜨려 바다의 깊이를 측정했다. 그러나 얕은 바다에서는 가능하지만 깊은 바다에서 사용하기에는 시간이 오래 걸리고 비용도 많이 들 뿐만 아니라 부정확하여 문제점이 많았다. 그 후 잠수함을 탐지하기 위해 발명한 음향측심기(echo sounder)를 사용하여 넓은 해역의 수심을 간편하게 측정할 수 있게 되었다. 수심을 재는 자로 소리를 이용하는 것이다.

음향측심기를 이용하여 수심을 측정하는 원리는 산에 올라 소리를 지르면 잠시 후 반대편 봉우리에 부딪쳐 돌아오는 메아리를 응용한 것이다. 배에 달린 음향측심기에서 내보낸 소리는 퍼져나가 바다의 바닥에서 반사되어 다시 배로 돌아온다. 바닷물 속에서 소리의 속도를 알고 있으므로, 소리가 되돌아오는 데 걸린 시간을 반으로 나누고 여기에 소리의 속도를 곱하

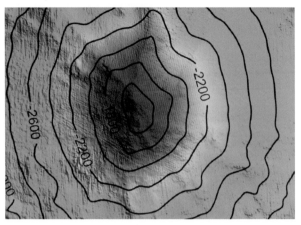
_음향측심기를 이용하여 만든 해저지형도

면 깊이를 알 수 있다.

　메아리를 영어로 에코(echo)라고 한다. 에코는 그리스신화에 나오는 숲의 요정으로 수다쟁이라 말이 참 많았다. 어느 날 제우스가 요정들과 바람을 피우고 있는 것을 아내인 헤라가 발견했는데 에코가 헤라에게 수다를 떠는 사이 요정들이 다 도망가 버렸다. 이에 화가 난 헤라는 에코가 말을 할 수 없게 만들었고, 대신 남이 한 말만 따라할 수 있게 했다. 그 후 에코는 나르시스(Narcissus)라는 미남 청년에게 반해 사랑에 빠지지만 청년이 한 말만 따라할 수 있을 뿐 사랑 고백을 할 수 없었다. 결국 사랑은 이루어지지 못했고 그 후 에코는 부끄러워 동굴이나 절벽에 숨어서 살게 되었다. 반사되는 메아리는 에코가 못 이룬 사랑의 노래인 셈이다.

바닷물이 끈적거린다고?

장마철이 되면 하루가 멀다 하고 내리는 장맛비로 온몸이 끈적끈적해지고 불쾌지수가 하늘을 찌른다. 바닷가를 찾아 시원한 바닷물에 몸을 풍덩 담그면 좀 나아질까? 즐거운 마음에 바닷물로 뛰어들지만 물이 무릎을 넘어 배까지 차오르면 더 이상 뛰기가 힘들어진다. 확실히 땅에서 뛰는 것보다 물속에서 뛰는 것이 힘이 더 드는 것을 느낄 것이다. 만약 바닷물보다 훨씬 끈적끈적한 꿀 속에서 뛴다면 어떨까? 틀림없이 바닷물에서보다 뛰기가 훨씬 더 힘들 것이다. 이것은 공기보다는 바닷물이, 바닷물보다는 꿀이 밀도와 점성이 더 크기 때문이다. 액체의 끈적끈적한 성질을 점성이라 하며 끈끈한 정도를 점도라 한다. 굳이 과학적으로 정의하자면 점성은 분자를 분리하거나 유체 속에서 물체가 움직일 때 필요한 힘을 나타내는 물질의 특성이다.

점성은 물질의 종류에 따라 다른데 물보다는 꿀이 훨씬 점성이 크다는 것을 우리는 경험적으로 알고 있다. 바닷물의 점성은 주로 수온에 따라 변하여 수온이 내려가면 커지고 수온이 올라가면 작아진다. 예를 들어 염분 35피에스유인 섭씨 0도의 바닷물은 같은 염분의 섭씨 30도 바닷물보다 2배 이상 점성이 크다. 바닷물의 점성은 염분의 영향을 받아 염분이 늘어나면 점도도 약간 늘어난다. 또한 바닷물의 점성은 플랑크톤이 가라앉거나 물고기가 헤엄칠 때 영향을 미친다. 가라앉는 것을 방지하기 위해 수온이 낮은 바닷물에 사는 플랑크톤은 열대 해역에 사는 플랑크톤보다 에너지를 덜 소비해도 괜찮지만, 헤엄을 치는 유영생물은 반대로 에너지를 더 소비해야 한다.

　끈적끈적함을 느끼는 정도는 생물의 크기에 따라 다르다. 같은 곳에 살더라도 고래가 느끼는 바닷물의 끈적끈적함과 동물플랑크톤이 느끼는 끈

_길이 7~10미터인 범고래(일본 가나가와 시월드)

길이 1~2밀리미터인
동물플랑크톤 요각류

적끈적함에는 차이가 있다. 아주 작은 동물플랑크톤은 큰 고래보다 바닷물이 훨씬 더 끈적끈적하다고 느낀다. 움직이는 동물플랑크톤은 마치 사람이 꿀 속에서 헤엄칠 때 느끼는 것과 비슷한 느낌을 받는다. 이러한 상대적 끈끈함은 레이놀즈 수(Reynolds number)로 판단할 수 있다.

레이놀즈 수치는 유체에 들어 있는 물체에 대한 유체의 관성과 점성의 상대적 비를 나타내며, 유체 흐름의 상태를 특징짓는 수치이다. 영국의 유체역학자 오스본 레이놀즈(Osborne Reynolds, 1842~1912)가 처음으로 제안하여 레이놀즈 수라고 하며 액체의 밀도, 흐름의 빠르기, 물체의 길이를 모두 곱한 값을 액체의 점성으로 나눈 값이며 단위가 없는 수치이다. 이 값이 작아지면 흐름이 규칙적인 층류가 되지만 값이 커질수록 흐름이 불규칙한 난류(亂流)가 된다. 앞서 나온 따뜻한 바닷물의 흐름인 난류(暖流)와는 다르다. 이 값이 크다는 것은 상대적으로 관성이 크다는 것을 나타내고 이 값이 작다는 것은 점성이 크다는 말이 된다. 관성이란 정지해 있던 물체는 계속 정지해 있고 움직이던 물체는 계속 움직이려는 특성을 말한다.

레이놀즈 수는 물체의 길이에 비례하므로 크기가 큰 동물의 경우에는 값이 커진다. 예를 들어 1초에 10미터를 헤엄치는 고래의 경우 레이놀즈 수는 3억이고, 1초에 10미터를 헤엄치는 다랑어는 3000만, 1초에 20센티미터 움직이는 요각류 동물플랑크톤은 3만, 1초에 0.2밀리미터를 움직이는 성게의 정자는 0.03이다. 이 수가 작으면 작을수록 점성이 상대적으로 커지므로 바닷물이 더 끈적끈적하다고 느낀다. 이처럼 바닷물의 끈끈함은 물리·화학적 요인으로 결정되지만, 해양생물이 느끼는 끈적끈적함은 생물의 크기에 따라 차이가 있다.

플랑크톤은 왜 작을까?

바닷물에 떠서 사는 생물에게 가라앉기와 뜨기는 생존에 중요하다. 그런데 바닷물에는 플랑크톤이 우글거리는데 왜 공기 중에는 플랑크톤처럼 떠서 사는 생물이 많지 않을까? 생각할수록 흥미로운 질문이다. 이는 앞서 살펴본 바닷물의 끈적끈적함과 무관하지 않다. 공기보다 밀도가 큰 물속에서는 뜨는 힘, 즉 부력을 많이 받는다. 그만큼 에너지를 적게 사용하고도 물에 떠 있을 수 있다는 말이다.

어떤 물체가 물속으로 가라앉는 속도는 그 물체와 물의 밀도 차이에 비례하고 물체와 물의 접촉면 사이의 마찰력에 반비례한다. 마찰력은 물체와 물의 접촉면이 크면 클수록, 또한 액체의 점성이 크면 클수록 커진다. 그러므로 같은 부피의 물 무게보다 무거운 물체는 가라앉게 마련이다. 물체의 무게가 무거울수록 빨리 가라앉으며 액체의 점성이 작을수록, 그리고 같은 부피라면 물과 접촉하는 표면적이 작은 물체일수록 마찰력이 작아지므로

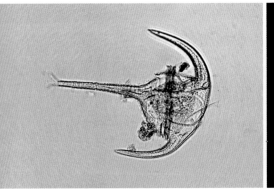

_현미경으로 본 식물플랑크톤(와편모조류)　　　_몸의 구조가 복잡한 동물플랑크톤(게의 유생)

빨리 가라앉는다.

자, 이쯤에서 왜 플랑크톤은 우리 눈에 잘 보이지 않을 정도로 작을까에 대해 생각해보자. 식물플랑크톤이 광합성을 하려면 이에 필요한 빛이 잘 드는 표층에 머물러야 한다. 빛이 없는 깜깜한 심해로 가라앉으면 광합성을 하지 못해 살 수가 없다. 많은 수의 동물플랑크톤은 낮밤을 주기로 오르락내리락 이동하지만 이들도 수심이 깊은 곳보다는 먹이인 식물플랑크톤이 많은 표층에 주로 산다. 그렇기 때문에 식물플랑크톤과 동물플랑크톤은 표층에 머물기 위해 여러 가지 형태적 특징을 보인다.

플랑크톤은 대부분 크기가 아주 작다. 그렇다면 플랑크톤은 오랜 세월 진화하면서 왜 작은 크기를 선호하게 되었을까? 크기가 작으면 플랑크톤이 물에 떠서 생활하는 데 이로운 점이 있다. 면적은 길이의 제곱에 비례하고 부피는 길이의 세제곱에 비례하므로 크기가 커지면 표면적이 늘어나는 것보다 부피가 상대적으로 더 크게 늘어난다. 반대로 크기가 작아지면 작

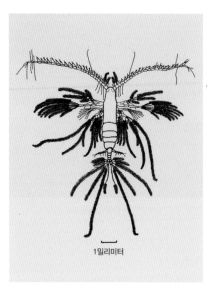

_열대 해역에 사는 동물플랑크톤

아질수록 표면적보다 부피가 상대적으로 많이 줄어들므로 부피 대 표면적의 비(S/V ratio)가 크게 늘어난다. 즉 크기가 작은 물체일수록 부피에 비해 표면적이 커져 물과의 접촉면이 넓어지고 가라앉을 때 마찰력이 커지므로 떠 있기에 유리하다.

플랑크톤은 표면적을 늘리기 위해 몸의 모양을 복잡하게 바꾸기도 한다. 몸체가 같은 크기라면 몸의 구조가 복잡한 것이 표면적이 더욱 커지기 때문이다. 바람에 날리는 민들레의 씨는 잔털이 아주 복잡하게 나 있다. 바람을 타고 잘 날고 되도록 공중에 더 오래 떠 있도록 형태가 변한 것이다. 오래 떠 있으면 더 멀리 퍼져나가 영역을 넓힐 수 있는 장점이 있다. 민들레 씨처럼 동물플랑크톤도 물에 잘 떠 있도록 몸에 돌기가 많다.

더운 바닷물은 찬 바닷물보다 밀도와 점도가 작기 때문에 열대 해역에서는 부력이 작고 플랑크톤이 가라앉을 때 마찰력도 작다. 그러므로 플랑크톤은 사는 바다의 수온에 따라 몸의 크기와 형태의 차이가 있으며, 열대 해역에 사는 플랑크톤이 비교적 크기도 작고 모양도 복잡하다. 예를 들어 열대 해역에 사는 요각류는 온대나 한대에 사는 요각류보다 안테나나 꼬

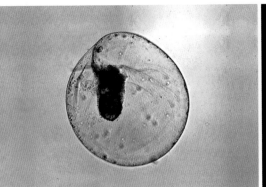
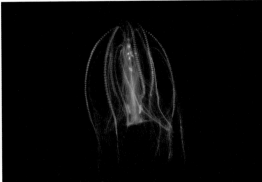

_현미경으로 본 야광충   _빗해파리

리 부분이 훨씬 복잡하게 생겼다. 같은 종이라도 겨울보다 여름에 돌기가 더 길어지고 복잡해지는 등 표면적을 넓히기 위해 모양이 바뀌기도 한다.

해양생물들은 부력을 많이 얻기 위해 여러 가지 방법을 사용한다. 이들 가운데 무거운 이온을 몸 밖으로 배출하고 되도록 가벼운 이온으로 체액의 성분을 바꾸는 생물도 있다. 체중 줄이기를 하는 것이다. 예를 들어 단세포생물인 야광충은 세포액에 바닷물보다 비중이 작은 염화암모늄이 많이 들어 있다. 빗해파리는 무거운 황산이온을 몸 밖으로 내보내고 대신 가벼운 염소이온으로 삼투압을 조절한다. 또한 몸 안에 가벼운 기체나 물보다 비중이 작은 기름을 저장하여 부력을 얻는 해양생물도 있다. 이 밖에도 물고기는 기체가 들어 있는 부레가 있으며 상어는 간에 지방이 많아 부력을 얻는다.

바다는 천연 온도조절기

물 분자는 수소 2개와 산소 1개가 결합해 만들어진다. 각각의 물 분자는 수소 결합으로 서로 잡아당기는 힘이 있기 때문에 독특한 물리·화학적 성질을 나타낸다. 물은 이러한 결합력으로 모든 고체나 액체 암모니아를 제외한 어떠한 액체보다도 열용량과 융해열이 크며, 증발열은 모든 물질 가운데 가장 크다. 즉 물은 온도를 올리기 위해 열을 많이 흡수해야 하고 반대로 온도를 낮추려면 열을 많이 방출해야 한다. 또한 얼음이 녹거나 물이 증발할 때도 열에너지가 많이 필요하다. 이런 완충작용으로 바다는 기후를 온화하게 조절할 수 있다.

햇볕이 육지와 바다에 똑같이 내리쬐더라도 바닷물은 온도가 천천히 올라가는 반면 육지는 온도가 금방 올라간다. 반대로 바닷물은 식을 때도 온도가 천천히 내려가지만 육지는 온도가 금방 내려가 버린다. 그렇기 때문에 바다는 온도의 일교차나 계절 변화가 육지만큼 크지 않다. 동해안의

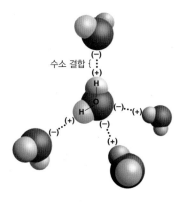

수소 결합

_물 분자와 수소 결합

강릉이 내륙의 춘천보다 겨울에 따뜻하고 여름에 더 시원한 것도 이러한 이유 때문이다. 강릉 사람들에게는 바다라는 천연 온도조절기가 있는 셈이다.

겨울날 기온이 영하로 뚝 떨어지더라도 금세 강물이 얼지 않고 며칠 계속 추워야 비로소 강물이 얼기 시작한다. 물이 얼기 위해서는 열에너지를 많이 잃어야 하기 때문이다. 반대로 물이 증발할 때는 열에너지가 많이 필요하다. 더울 때 땀을 흘리면 땀이 증발하면서 체온을 낮추어 시원해지는 것을 경험했을 것이다. 여름날 뜨겁게 달구어진 마당에 물을 뿌리면 시원하게 느끼는 것도 뿌린 물이 증발할 때 주위의 열을 빼앗아가기 때문이다.

여름날 조간대에 사는 따개비는 간조가 되어 물밖에 오랜 시간 노출되면 꼭 닫고 있던 개판을 열어 가끔씩 자기 몸에 물을 뿌려 온도를 낮춘다. 우리가 여름날 마당에 물을 뿌리는 지혜를 따개비도 터득하고 있다.

물이 있으면 생물이 있을 확률이 높다.

물은 생물의 생리작용에 없어서는 안 되는 물질이기 때문이다.

물이 풍부한 바다에서 생물은 물 부족을 걱정할 필요가 없다.

이것이 최초의 지구 생명체가 바다에서 탄생했을 것이라는 생각의 근거이다.

인간도 태아 시절에는 양수에 떠 있지 않은가.

바다는 생명체가 생겨나기 알맞은 어머니 자궁 같은 아늑한 곳이다.

2장

⋮

모든 생명체의 고향, 바다

지구와 바다, 생물의 기원

바다는 어떻게 탄생했을까?

우주 공간에 떠 있는 보석과 같이 빛나는 푸른색 지구, 지구는 우리 태양계에서 유일하게 많은 생물들이 살고 있는 생동감 넘치는 행성이다. 지구처럼 생물이 살기에 적합한 행성은 태양계는 물론이고 우주 어디에서도 아직까지 발견되지 않았다. 생물이 살기에 적합한 환경은 지구에 바다가 있기 때문에 가능하다. 그렇다면 지구와 바다는 어떻게 만들어졌을까? 이에 대한 대답을 정확하게 할 수 있는 사람은 아무도 없다. 다만 과학자들은 약 150억 년 전에 빅뱅이라고 알려진 대폭발의 결과로 우주가 탄생했고, 100억 년 이상이 지난 후 우주 공간에 있던 가스와 먼지의 소용돌이가 수축하면서 태양이 생겨났다고 생각한다. 태양이 생기고 주변에 남아 있던 물질들이 서로 뭉쳐서 지구와 같은 행성이 생성되었다는 것이 지구 탄생의 가설이다.

지구는 약 46억 년 전에 형성된 것으로 알려져 있다. 수축된 지구는 인력이 강해져서 주변에 있던 물질을 잡아당겨 크기가 점점 커졌다. 지구의 중심부는 엄청난 중력과 핵반응으로 온도가 높아 지금의 마그마와 같은 액체 상태였다. 끊임없는 화산 활동으로 용암이 분출하고 수증기와 다른 기체가 뿜어져 나왔다. 무거운 물질은 가라앉고 수소, 헬륨, 메테인(메탄), 이산화탄소, 암모니아, 황화수소, 수증기와 같은 가벼운 기체는 지구 표면으로 떠올라 원시대기를 만들었다. 지구가 식어가면서 여러 가지 기체와 수증기는 응축하여 지표면의 낮은 곳에 고이기 시작했다. 이것이 바다의 시초이며 지금으로부터 35~40억 년 전의 일이다. 그릇에 담긴 물을 끓이면 수증기가 되었다가 식으면 다시 물방울이 되는 것을 쉽게 관찰할 수 있다. 바닷물도 태양열이 가열하면 증발해 하늘로 올라가 구름이 되었다가 이 구름이 찬 공기를 만나 식으면 비가 되어 내린다. 빗물은 강으로 모이고 결국은 바다로 흘러 들어가는 순환과정을 계속 거치면서 바다는 생명을 잉태할 준비를 했다.

바다 환경은 육지 환경보다 안정되어 생물이 생겨나기에 유리하다. 물은 비열이 커서 온도 차이가 적을 뿐만 아니라 온도 변화도 더디므로 생물이 살기에 적합한 환경이 된다. 바다에는 생물이 살아가는 데 꼭 필요한 물이 넘쳐난다. 육지에 살고 있는 동물의 체액은 화학적 성분이 바닷물의 성분과 비슷하다. 이것이 생명이 최초에 바다에서 생겨났을 것이라고 생각하는 이유이다.

과학자들은 지구상에 생물이 최초로 나타난 때를 약 30억 년 전으로 본다. 이때에는 대기 중에 산소 대신 메테인이나 암모니아 같은 기체가 있었는데 번개가 칠 때 이러한 물질이 생물체의 몸을 이루는 중요한 물질 중 하나인 아미노산이 되었다. 그리고 아미노산이 복잡하게 결합되고 그 주위

_원시바다 생성 상상도(러시아 프리모르스키 해양 수족관)

에 세포막과 같은 얇은 막이 생성되어 '코아세르베이트(coacervate)'라는 원
시 형태의 세포가 만들어졌다. 과학자들은 원시대기와 비슷한 환경 조건에
서 아미노산이 생성되는 것을 실험실에서 증명했다. 이렇게 탄생한 원시
형태의 세포가 오랜 시간을 거치는 동안 진화하여 현재와 같은 다양한 생
물로 분화했다. 실제로 아주 오래된 화석에서 발견되는 생물은 바닷속에
서 살던 것이다. 지금도 바다에는 육지에 없는 다양한 동물이 살고 있어 생
명이 바다에서 탄생했으리라는 가설에 힘을 실어준다. 그러나 어느 누구도
최초에 생명체가 어떻게 생겨났는지 확실히 알지는 못한다. 오래전 진화의
과정을 직접 본 사람은 없다. 그래서 지금도 진화론과 창조론 사이에 끊임
없는 토론이 진행 중이다.

우주에 또 다른 바다가 있다

2015년 3월 중순, 각종 언론 매체들은 미국항공우주국(NASA)의 발표를 인용해 목성 주위를 돌고 있는 위성 가니메데(Ganymede)에 바다가 있다고 보도했다. 태양계는 물론 광활한 우주를 통틀어 유일하게 지구에만 바다가 있다는 것이 현재 우리가 알고 있는 상식인데 또 다른 바다가 태양계에 있다는 것이다. 지구 밖에 바다가 있다는 것은 외계 생명체 이티(ET)가 있을 가능성을 보여준다. 우주탐사를 하면서 다른 행성에 물이 있는지 확인하는 것도 바로 이러한 이유이다.

물이 있으면 생물이 있을 확률이 높다. 물은 생물의 생리작용에 없어서는 안 되는 물질이기 때문이다. 물이 풍부한 바다에서 생물은 물 부족을 걱정할 필요가 없다. 또한 물이 몸을 둘러싸고 보호막 역할을 해주니 신체 보호가 유리하다. 게다가 바다는 비열이 큰 물 덕분에 온도 차이는 물론 환경 변화가 적어 심한 추위와 더위, 가뭄 등 생물이 살기에 환경 조건이 어려운

_목성 주위를 공전하는 위성 가니메데(미국항공우주국NASA)

육지와는 다르다. 이것이 최초의 지구 생명체가 바다에서 탄생했을 것이라는 생각의 근거이다. 인간도 태아 시절에는 양수에 떠 있지 않은가. 바다는 그야말로 생명체가 생겨나기 알맞은 어머니 자궁 같은 아늑한 곳이다. 지구가 온갖 생물로 활기 넘치는 행성이 된 것도 다 바다가 있기 때문이다.

　가니메데를 이야기하기 전에 먼저 항성, 행성, 위성이 무엇인지 정리해보자. 항성은 태양처럼 스스로 빛을 내는 천체를 말한다. 행성은 지구처럼 스스로 빛을 내지 못하고 항성 주위를 도는 천체로 예전에는 일본식 한자어인 혹성이라고 부르기도 했다. 마지막으로 위성은 행성의 인력으로 그 주위를 도는 천체를 말한다. 지구 주위를 공전하는 달을 생각하면 된다.

　가니메데는 지구로 치면 달과 같은 존재이다. 가니메데는 목성의 위성

가운데 가장 클 뿐만 아니라 태양계에 속한 8개 행성이 거느린 어떤 위성보다도 크다. 지름이 약 5300킬로미터일 정도로 크기 때문에 육안으로도 볼 수 있다. 행성과 크기를 비교하자면 수성보다 크고 화성보다 조금 작다. 가니메데는 자기장이 있는 유일한 위성으로 지구의 극지방에서처럼 오로라가 생긴다. 오로라는 자기장의 영향을 받으며 자기장은 바다의 영향을 받는다. 그러므로 오로라 사진을 분석하면 바다가 있는지 알 수 있다. 미국항공우주국은 우주 공간에 떠 있는 허블 우주망원경을 이용해 가니메데를 촬영하여 표면 얼음 층으로부터 약 150킬로미터 아래에 지구의 바다보다 더 많은 짠물이 있다는 결론을 내렸다. 과학자들은 이곳 바다의 수심이 약 100킬로미터에 이르러 지구에서 가장 수심이 깊은 마리아나 해구(11킬로미터)보다도 9배 정도 깊을 것으로 추정한다.

가니메데는 1610년 갈릴레오 갈릴레이(Galileo Galilei, 1564~1642)가 처음 발견했다. 과학자들이 가니메데에 바다가 있을지도 모른다고 생각하기 시작한 시점은 1970년대이다. 2002년에는 가니메데에 자기장이 있음을 확인했는데 미국항공우주국이 쏘아 보낸 탐사선 갈릴레오에서 20분 간격으로 자기장을 조사한 결과였다. 그러나 자기장에 영향을 미치는 바다가 있다는 증거를 확보하지는 못했다가 2015년 미국항공우주국이 공식적으로 지구 말고도 바다가 있다는 것을 확인했다. 아직은 지구의 바다처럼 온갖 생명이 넘쳐나는지 알 수 없지만 미국항공우주국은 앞으로 10년 안에 외계 생명체를 발견할 수 있을 것으로 전망한다. 지구 밖에서 바다를 찾았다니 조만간 외계 생명체 이티가 우리 곁에 불쑥 나타날지도 모르겠다.

소행성이 바다에 떨어지면

　소행성(asteroid)은 말 그대로 행성보다 작은 천체로 지구처럼 태양 주위를 공전하며, 특히 화성과 목성의 공전궤도 사이에 있는 소행성대에 주로 있다. 1801년 소행성 세레스(Ceres)를 처음 발견한 이래로 최근까지 20만 개가 넘는 소행성을 발견했으며 현재도 매년 수천 개를 발견하고 있다.

　소행성은 크기가 작아 관찰하려면 망원경이 필요하다. 작다고는 해도 가장 큰 소행성 세레스는 지름이 950킬로미터로 한반도 길이만큼 된다. 한편 큰 유성(별똥별, 운석)과 구분하기 위해 크기가 약 50미터보다 큰 것을 소행성으로 정의하기도 한다. 소행성은 크기가 혜성과 비슷하지만 대기층 코마(coma)와 꼬리가 보이지 않는다는 점에서 차이가 있다.

　2015년 6월 30일에 선포된 '소행성의 날'은 지구를 소행성으로부터 보호하자는 취지를 세계적으로 널리 전파시키기 위해 제정되었다. 6월 30일로 정한 것은 1908년 6월 30일에 역사상 가장 큰 지름 약 40미터의 소행성이 시베리아 퉁구스카(Tunguska)에 떨어진 것을 기억하기 위해서이다. 퉁구스카에 떨어진 소행성은 3~5메가톤급 폭탄과 파괴력이 맞먹는다고 한다. 참고로 히로시마에 떨어진 원자폭탄이 12킬로톤이었으니 원자폭탄의 수백 배에 이르는 위력이다. 이 충돌로 서울시 면적의 3배가 넘는 약 2000제곱킬로미터의 숲이 초토화되었다. 소행성이 지구와 충돌해서 자연재해가 일어날 확률은 희박하지만, 만약 충돌하게 되면 그 영향은 이처럼 실로 엄청나다. 지구를 소행성으로부터 보호하자는 말이 나올 법하다. 다행히 소행성 충돌은 사전에 예측할 수 있어 대비가 가능하다.

1998년 개봉한 영화 「딥 임팩트Deep Impact」를 떠올리면 소행성 충돌의 여파를 쉽게 연상할 수 있다(영화에서는 소행성이 아니라 혜성이 등장한다). 영화의 내용은 이렇다. 우연히 발견한 뉴욕 시 크기의 혜성이 시시각각 지구로 접근한다. 혜성이 지구에 충돌할 예상 날짜가 도출되고 대서양에 충돌할 것이라는 관측이 나온다. 미국 정부는 이 혜성이 지구와 충돌하기 전에 폭파해 이동 경로를 바꿀 작전을 세운다. 우주선 메시아호를 타고 혜성에 착륙한 우주인들은 혜성에 폭탄을 설치한다. 핵폭탄이 터져 혜성은 두 조각이 나지만 이동 궤도가 바뀌지 않아 지구로 점점 다가온다. 궤도 수정에 실패하자 미주리 주에 건설한 지하 요새에 선별한 사람들을 피신시킨다. 주제가 비슷한 「아마겟돈Armageddon」이라는 영화도 같은 해 개봉해 관객들을 사로잡았다.

6500만 년 전 공룡을 비롯한 생물들이 대량으로 멸종한 것도 소행성이 지구에 충돌해서 발생한 일이라는 가설이 있다. 소행성이 지구에 충돌하여 먼지 구름이 하늘을 뒤덮어 식물이 광합성을 하지 못해 죽고 이어서 초식

동물과 육식동물이 차례로 사라졌다는 시나리오이다. 실제로 멕시코 유카탄 반도에서는 소행성 충돌로 만들어진 지름 10킬로미터나 되는 분화구가 발견되었다.

소행성이 바다에 떨어지면 어떻게 될까? 사람이 사는 육지에 떨어지는 것보다 충격이 약할까? 소행성이 바다에 떨어지면 거대한 해일이 발생한다. 해일은 강한 바람, 해저지진, 해저화산 폭발, 소행성이나 혜성의 충돌, 해양에서의 핵실험 등으로 큰 파도가 생기는 현상을 말한다. 영화 「딥 임팩트」에 나오는 정도의 혜성이 대서양에 떨어진다고 가정하면 높이 300미터의 해일이 발생할 것이라는 분석 결과가 있다. 남산보다도 더 높은 파도가 서울을 덮치는 격이다. 영화에서 미국 동부 해안을 덮치는 해일의 위력은 태풍으로 인한 태풍해일이나 해저지진으로 인한 지진해일과 비교가 되

_ 멕시코 유카탄 반도에 있는 소행성 충돌로 인한 분화구(출처: www.psi.edu)

지 않을 정도이다. 만약 소행성이 태평양 한가운데 떨어진다면 충격으로 인한 해일은 제트기 속도만큼 빠른 속도로 퍼져 하루도 안 돼 태평양 모든 연안국에 가공할 만한 파괴력을 발휘할 것이다. 2011년 일본 동북 지방에서 해저지진으로 발생한 지진해일의 위력이 얼마나 대단했는지는 세계인들이 다 알고 있다.

우리나라에서 발생한 해일은 대부분 태풍으로 인한 것이다. 지진으로 인한 해일도 몇 차례 있었지만 다행히 소행성 충돌로 인한 해일 기록은 없다. 그러나 미국항공우주국은 지구와 충돌할 가능성이 있는 소행성만 1400개가 넘는다고 발표했다. 현대판 노아의 방주를 준비해야 할지도 모르겠다.

지진으로 흔들리는 지구촌

최근 지구촌이 지진 불안감에 떨고 있다. 2010년 1월 아이티 대지진을 시작으로 그해 2월에는 칠레에서, 3월에는 터키, 4월에는 멕시코에서 강진이 발생했다. 같은 해 우리나라에서도 규모는 작았지만 경기도 시흥과 제주도 서귀포 앞바다, 태안 앞바다 등에서 여러 차례 지진이 일어났다. 사실 우리나라는 지금까지 지진 안전지대라고 생각해왔다. 하지만 2016년 7월 울산 앞바다에서 진도 5.0 규모의 지진이 일어나고, 9월 경주에서 진도 5.8 규모의 지진이 발생하면서 지진에 대한 불안감이 계속 높아지고 있다.

지진은 진앙지가 육상인 경우보다 바다일 경우 더 큰 피해가 발생한다. 지진해일이 생기기 때문이다. 바닷속에서 지진이나 화산 폭발이 일어날 때 생성된 파가 해안에 다다르면 집채만 한 파도로 돌변해 큰 피해를 입힌다. 2009년 개봉한 영화 「해운대」의 한 장면이 허구만은 아니다.

2010년 2월 27일 칠레 인근 바닷속에서 발생한 규모 8.8의 지진으로 모든 태평양 연안국이 불안에 떨었다. 태평양 반대쪽에서 생긴 해저지진의 여파는 넓은 태평양을 건너 일본에까지 영향을 미쳤다. 우리가 목욕탕에서 물을 휘저으면 반대쪽까지 파가 전달되는 것과 마찬가지다. 태평양을 아주 커다란 목욕탕이라고 생각하면 된다. 전파 속도는 수심에 따라 다르지만 거의 제트기 속도에 버금가기 때문에 약 하루 만에 태평양을 건넌다. 그러니 태평양 반대편에서 해저지진이 일어나도 모든 태평양 주변국이 긴장하게 된다.

해저지진의 원인은 지각판과 지각판 사이의 상호작용에서 비롯된다. 2010년 칠레 지진의 진원지는 나스카판이라는 남동태평양 해저지각판이 칠레가 위치한 남아메리카판의 아래쪽으로 밀려 들어간 곳이다. 하나의

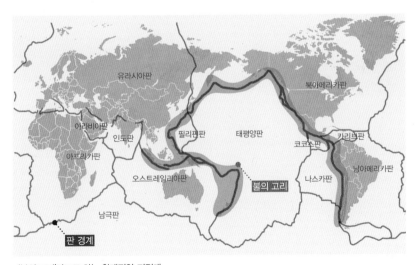

_'불의 고리'라고도 하는 환태평양 지진대

지각판이 다른 지각판으로 밀려 들어가면서 오랫동안 누적되어 있던 힘이 한꺼번에 분출된 것이다. 고무풍선에 공기를 계속 주입하다 보면 견디지 못하고 어느 순간 터져버리는 것과 같다. 이렇게 지각판이 서로 충돌하는 곳에서 지진이 자주 발생하는데, 이러한 곳을 태평양 주변을 둘러싸고 있다고 하여 '환태평양 지진대'라고 부르기도 하고 화산 활동이 활발해서 '불의 고리'라고 부르기도 한다.

우리 주변의 인간사도 유사하다. 두 세력이 서로 대립하고 갈등이 계속되다 보면 언젠가는 폭발하고 큰 후유증을 불러일으킨다. 인간은 조율과 타협을 통해 폭발을 사전에 방지할 수 있지만 자연에는 타협이 없다. 긴장이 고조되면 지진이 생기게 마련이다. 우리가 할 수 있는 일은 해저지진계를 설치하여 조기 경보 시스템을 구축하고 징조를 조금이라도 더 빨리 알아차리고 미리 대피하는 길밖에 없다. 칠레 지진 당시에도 하와이에 위치한 태평양 쓰나미경보센터(PTWC)는 신속하게 지진해일 경보를 내렸다. 큰 파도가 밀려오기 전에 해안가 주민들을 고지대로 대피하게 해 피해를 줄이기 위함이었다.

지진해일에 휩쓸린 해양 생태계

지진해일은 전 세계적으로 쓰나미(Tsunami)로 통용된다. 지진이 많은 일본의 해양학자들이 지진해일에 대한 연구를 많이 해서 일본어 쓰나미가 국제 공용어가 된 때문이다. 쓰나미는 일본어로 나루(津)를 뜻하는 '쓰'와 파도(波)를 뜻하는 '나미'가 합쳐진 말이다. 지진해일은 바다 근처에서 산사태가 나거나 해저에서 지진이 일어나 해저지각이 수직으로 움직이거나 화산이 폭발할 때 또는 운석이 바다에 떨어졌을 때 발생한다.

지진해일의 전달 속도는 수심이 깊은 곳에서는 빠르고 얕은 곳에서는 느리다. 예를 들어 수심이 4500미터에 이르는 대양에서는 시속 756킬로미터로 거의 비행기 속도이지만, 수심 30미터의 연안에서는 시속 64킬로미터로 자동차 속도와 비슷해진다. 지진해일은 원양에서는 파고가 낮고 주기가 길어 감지를 하지 못할 수도 있지만, 수심이 얕은 연안으로 다가오면 파고가 보통 3~15미터로 높아진다. 지난 10년간 가장 높았던 파고는 일본

_산호초(마이크로네시아)

_잘피 밭

에서 기록된 32미터였다. 그렇지만 지진해일은 지형에 따라 더 높아질 수도 있다. 1958년 7월 9일 알래스카의 리투야(Lituya) 만에서 발생한 대규모 산사태로 높이 518미터의 지진해일이 들이닥친 적이 있다.

미국해양대기청(NOAA) 통계에 따르면, 1990년에서 1999년 사이에 지진해일이 97회 발생했으며 그 가운데 21회는 큰 피해를 입었다. 역사적으로 규모가 큰 지진해일 사망 피해는 1782년 남중국해에서 4만 명, 1883년 인도네시아에서 3만 6000명, 1707년, 1792년, 1896년 일본에서 각각 3만 명, 1만 5000명, 2만 7000명, 1868년 칠레에서 2만 6000명 등이다. 2004년 인도네시아에서 발생한 지진해일 사망자 수는 23만 명에 달했다.

지진해일로 인한 인명 및 재산 피해가 워낙 크다 보니 해양 생태계 피해는 흔히 무관심 속에 지나쳐버리고 만다. 2004년 인도네시아에서 발생한 지진해일이 휩쓸고 간 곳은 산호초, 잘피와 같은 해초, 홍수림이 자라는 열대의 연안 해역이었다. 열대 해역은 온대 해역에 비해 생물량이 많지 않아

_맹그로브 숲(마이크로네시아)

흔히 바다의 사막으로 비유한다. 그렇지만 열대 해역 중 산호초는 해양생물이 많이 살고 있어 바다의 오아시스라고 부른다. 산호초는 생산력도 열대우림에 버금가게 높다. 또한 수중경관이 아름다워 스쿠버다이버들에게는 낙원이다. 산호초는 이산화탄소를 흡수하여 지구온난화를 방지하는 역할도 한다. 하지만 산호는 성장 속도가 느리기 때문에 지진해일의 여파로 파괴된 산호초가 복원되려면 수십 년에서 길게는 백 년이 넘게 걸린다.

잘피 밭이나 맹그로브 숲(홍수림)은 생물들이 숨을 곳이 많고, 나무에서 떨어져 분해된 잎들을 먹이로 이용할 수 있기 때문에 게나 새우, 가리비, 물고기와 같은 수산자원이 번식하고 자라기에 좋은 장소이다. 잘피나 맹그로브 숲의 뿌리는 연안의 연약한 지반을 강화시켜 태풍이나 해일에서 육지를 보호해주는 역할도 한다. 이런 곳이 피해를 입으면 수산자원이 감소하는 것은 불 보듯 뻔하다. 또 바닷가의 모래나 갯벌에는 구멍을 파고 살아가는 생물들이 많다. 살 곳을 잃어버린 생명체는 비단 사람만이 아니다.

바다가 육지라면

옛날 유행가 「바다가 육지라면」의 가사처럼 만약 바다가 없었더라면 앞
길을 가로막는 파도 때문에 헤어지지 않아도 되었을 테고, 배가 떠나버린
부둣가에 혼자 울며 서 있을 필요도 없었을 터이다. 이별의 추억이 있는 연
인들에게는 가슴에 와 닿는 애절한 노래이겠지만 바다를 생계수단으로 하
는 어민에게는 이처럼 황당한 노래는 없다. 바다가 육지라니, 산에서 물고
기를 잡을 수도 없고 말이다.

만약 바다가 육지였다면 지구는 어떤 모습이었을까? 생명체로 가득 찬 살
아 있는 현재 지구 모습과는 반대로 다른 별처럼 죽음과 고요의 그림자가 깊
게 드리워져 있었을 것이다. 바다는 지구상에서 생물이 최초로 태어난 고향이
다. 바다가 없었다면 뭇 생명체는 지구상에 없었을 것이며 우리 인간도 물론
태어나지 못했을 것이다. 물에서 진화한 생물은 육상으로 삶의 터전을 넓혀갔
다. 육지와 바다에 사는 생물은 환경이 달라 각각의 모양새도 다르다.

그럼 육지와 바다의 환경이 어떻게 다른지부터 알아보자. 가장 큰 차이는 육지 환경은 공기로 차 있고 바다 환경은 물로 차 있다는 점이다. 물은 공기보다 밀도가 커서 그만큼 부력이 크며, 이러한 물과 공기의 밀도 차이는 생물의 몸을 지지해주거나 이들이 운동할 때 서로 다른 영향을 미친다. 육상에 사는 생물은 공기보다 아주 무겁기 때문에 자기 몸을 지탱할 수 있는 특별한 기관이 발달했다. 생물이 살고 있는 환경의 매질 차이에 따라 생물의 모습은 달라진다.

육상식물과 바다식물을 비교해보면 차이를 명확하게 알 수 있다. 예를 들어 미역, 다시마, 파래와 같은 해조류에는 몸을 지지하는 단단한 구조가 없으나 중력을 거슬러 높이 성장해야 하는 소나무나 참나무류와 같은 육

_유연한 해조류

_단단한 육상식물

상식물은 단단한 목질로 몸을 지탱하고 있다. 다시마 종류 가운데 길이가 50미터 가까이 성장하는 것이 있으나 바닷물이 몸을 지지해주므로 굳이 몸이 단단할 필요가 없다. 오히려 몸이 단단하다면 파도에 휩쓸려 부러질 것이다. 파도에 따라 유연하게 자기 몸을 맡기고 사는 해조류의 생활 지혜가 인간 생활에도 가끔은 필요하다.

동물의 경우를 보자. 육상에서는 지렁이나 민달팽이같이 비교적 작은 동물만이 골격 없이 몸을 지탱할 수 있다. 그러나 바다에서는 대형 해파리나 오징어처럼 크기가 10미터 가까이 되는 동물도 단단한 골격 없이 생활할 수 있다. 또 상어나 가오리와 같이 뼈가 단단하지 않은 연골어류도 수중 환경의 장점을 이용해 생활할 수 있다. 수중 환경에서는 물에 잠긴 자기 몸의 부피에 해당하는 물의 무게만큼 부력을 받으므로 지구상에서 가장 큰 동물인 흰긴수염고래(대왕고래)도 육중한 몸을 자유롭게 움직일 수 있다. 만약 이 고래가 육상으로 올라온다면 자기 몸무게에 눌려 활동이 불가능하다. 바다에도 껍질이 단단한 생물이 있으나 껍질의 역할은 육상동물의 골격처럼 몸을 지탱하기 위한 것이 아니다. 예를 들어 게나 조개에서 볼 수 있는 단단한 껍데기는 천적으로부터 몸을 보호하기 위해 발달한 것이다.

물과 공기의 점성, 관성 등 물리적 성질의 차이는 운동을 하는 동물에게 큰 영향을 미친다. 같은 온도에서 물은 공기보다 약 60배나 점성이 강하기 때문에 수중 환경에서 생활하는 생물은 헤엄칠 때 더 큰 저항을 받는다. 그러므로 바다에 사는 동물은 육상동물보다 더 많은 에너지를 사용해 운동하므로 자연히 운동 속도가 느려진다. 예를 들어 하늘을 나는 매는 최대 시속 250킬로미터 이상의 속도로 날 수 있으며, 육상의 치타는 110킬로미

터를 웃도는 순간속도를 낸
다. 그러나 바다에 사는 동물
은 물의 저항 때문에 이렇게
빠른 속도를 낼 수 없다. 해양
생물 가운데 고래가 시속 약
60킬로미터까지 헤엄칠 수
있고, 참다랑어는 최대 70킬
로미터까지 헤엄칠 수 있다.

_유선형 참다랑어

돛새치가 물 밖으로 뛰어오를
때는 물의 저항을 받지 않아 시속 100킬로미터가 넘기도 한다고 알려져
있다.

에너지 절약을 위해 바다에 사는 유영동물은 헤엄칠 때 물의 저항을 줄
이는 것이 중요하다. 어류의 몸은 물의 저항을 줄이기 위해 유선형으로 진
화했다. 특히 다랑어류나 새치류처럼 빠르게 헤엄치는 물고기일수록 몸매
가 더 날씬한 유선형이다. 신축성 있는 돌고래의 피부는 물의 저항을 효율
적으로 줄일 수 있어 연구 대상이 되고 있다. 또한 상어의 피부도 물의 저
항을 줄이는 것으로 알려져 수영 선수들의 수영복에 응용한다.

생물은 살아남기 위해 환경에 적응해야 하므로 환경의 차이는 생물의
생활 형태와 모습 등에 영향을 미친다. 지금 바다에 살고 있는 생물이 육상
생물과 모습이 다른 것은 바다 환경에 적응한 결과이다.

바다는 가장 큰 생태계

우리 주변 어디에서나 흔히 구할 수 있기 때문에 우리는 물의 귀중함을 모르고 지낸다. 혹시 사막 한가운데에서 목마름에 시달리는 사람이라면 그 귀중함을 알까. 공기 중의 산소도 물만큼이나 생물에게 중요하다. 그러나 산소 없이도 사는 미생물은 간혹 있지만 물 없이 살 수 있는 생물은 이 세상에 없다. 이것이 우리가 외계의 생명체를 찾으려고 할 때 그곳에 물이 있는지 없는지를 먼저 확인하는 이유이다. 달의 극지방에서 얼음이 상당량 발견되었고, 토성의 위성 타이탄(Titan)의 대기층에서도 수증기가 발견되었다. 또한 지구로부터 120억 광년 떨어진 우주에서 지구에 있는 물의 140조 배나 되는 물 덩어리를 발견하는 등 우주 곳곳에서 물이 발견되었다. 그래서 몇몇 과학자들은 성급하게 외계에 생물이 살고 있을 가능성을 예견하기도 하는데 이것 역시 물이 생물에게 가장 중요하다는 사실에서 출발한다.

우주에 물이 있다는 사실은 점차 알려지고 있지만 아직까지 지구처럼 온갖 생물이 살고 있는 행성은 발견된 바 없다. 지구는 바다라는 가장 큰 생태계에 수를 헤아릴 수 없이 다양한 생물을 품고 있다. 바다는 지구 표면의 약 70퍼센트를 차지하며, 표면적으로만 본다면 생물이 살 수 있는 면적은 육지보다 약 2.3배 더 넓다. 그러나 생물이 살고 있는 심해까지 생활 공간을 확장한다면 바다는 육상보다 약 300배나 더 공간 여유가 있는 셈이다. 그래서 지구에서 가장 큰 생태계는 바로 해양 생태계이다. 육상 동·식물의 생활 무대는 육지 표면을 중심으로 하는 2차원적인 데 비해, 해양 생물의 생활 무대는 바다의 표층에서부터 심해까지 공간을 모두 활용하는 3차원적이다.

19세기 중반까지만 해도 수심 몇백 미터만 내려가도 생물이 살 수 없었기 때문에 심해는 바다의 사막이라고 믿었다. 생물학자들 중에도 심해에는 생물이 살지 않는다는 심해무생물설을 믿는 경우가 있었다. 생태계는 햇빛을 받아 광합성을 하는 식물이 있어야 부양이 가능한데, 심해는 빛이 없어 식물이 살 수 없으니 동물도 살 수 없다는 생각이 지배적이었다. 그러나 1860년대에 수심 2000미터가 넘는 해저에서 인양한 케이블에 달라붙어 있는 저서생물(底棲生物)이 발견

_갈라테아호(출처: 위키미디어)

_심해무인잠수정 해미래를 이용한 탐사   _심해 열수분출공 주변에 사는 생물(마리아나 해저분지)

되면서 심해에 생물이 살고 있지 않다는 생각이 바뀌었다. 1950년대 초에
는 덴마크 탐사선 갈라테아(Galathea)호가 수심 1만 미터가 넘는 필리핀 해
구에서 심해 동물을 채집했으며, 그 후 심해 유·무인잠수정이나 수중 카메
라와 같은 각종 탐사 장비가 개발되어 심해에도 다양한 생물이 살고 있다
는 사실을 확인할 수 있었다. 육지보다 훨씬 넓은 바다는 조간대에서부터
심해까지가 다양한 생물들의 훌륭한 서식처이다.

바다에는 얼마나 많은 생물이 살고 있을까?

　생물학자들은 지구에 사는 다양한 생물들을 체계적으로 정리하기 위해 분류 체계를 만들었다. 분류 체계는 잘 알다시피 생물을 분류하는 단계인 계, 문, 강, 목, 과, 속, 종을 말한다. 계는 생물 분류 단계 중 가장 큰 단위이며, 문, 강, 목, 과, 속으로 갈수록 좀 더 세분화되고 생물 상호간 연관 관계가 높아진다. 가장 마지막 단계인 종은 생물 분류의 기본 단위이며, 개체 사이에서 짝짓기를 하여 자손을 퍼뜨릴 수 있는 생물을 일반적으로 같은 종으로 정의한다. 그러나 때로는 문을 아문으로 세분하기도 하며, 강 여러 개를 묶어 상강으로 분류하기도 하고, 강 한 개를 여러 개의 하강으로 세분하기도 한다. 목의 경우에도 상목과 아목 등이, 과의 경우에도 상과와 아과, 속에도 아속 등이 있으며, 심지어 종도 아종으로 세분하기도 한다. 이러한 세분화 작업은 생물 분류가 그만큼 어렵다는 것을 보여준다.

　예전에는 생물을 단순히 식물계와 동물계로 나누었다. 그러나 현미경의 발달로 다양한 미생물 종류가 밝혀지고, 생물학의 발전으로 식물과 동물의 중간적 특징을 지닌 생물이나 생물과 무생물의 특성을 모두 지닌 생물 등 분류가 어려운 것이 많이 발견되었다. 이러한 이유로 생물 분류는 더욱 복잡해졌다. 생물은 식물과 동물 두 종류로 분류하던 것에서 미생물을 포함한 3계로 나누어졌다. 미생물에는 바이러스, 세균(박테리아), 원생동물, 단세포 조류, 곰팡이류, 버섯 종류 등이 포함되어 있다. 이후 생물 분류는 점점 복잡해져 동물, 식물, 원생생물(단세포 생물), 모네라(세균과 남조류. 남조류는 시아노박테리아, 청록박테리아 등 명칭이 다양하다)의 4계, 또는 곰팡이류인 진균(버섯 포함)을 분리하여 5계로 나누기도 했다. 생물을 몇 가지 계로 나눌 것인가에 대한 논란은 있지만, 지금은 비세포생물인 바이러스, 원핵생물(세포 내의 핵이 핵막으로 둘러싸여 있지 않은 생물)인 모네라, 원생생물, 진균, 식물, 동물 등 6계로 나눈다.

그러면 바다에는 이들 가운데 어떠한 생물이 살고 있을까? 바다에도 바이러스, 세균, 원생동물, 단세포 조류, 곰팡이, 식물과 동물 등 생물 분류 체계의 모든 계에 속하는 생물이 살고 있다. 바다가 생물 탄생의 고향임을 감안한다면 온갖 생물이 바다에서 살고 있는 것은 그리 놀라운 일이 아니다. 지구상에 얼마나 많은 생물이 사는지 정확히 알 도리는 없다. 현실적으로 모든 생물을 다 조사할 수 없기 때문에 학자들마다 예상하는 생물 종의 수는 500만 종에서 1억 종까지 차이가 크다.

유엔환경계획(UNEP) 보고서에 따르면, 현재 지구상에 알려진 종은 약 175만 종(바이러스 약 4000종, 세균 약 4000종, 원생생물 약 8만 종, 진균 약 7만 2000종, 식물 약 27만 종, 동물 약 132만 종) 정도이며 이 가운데 15~20퍼센트 범

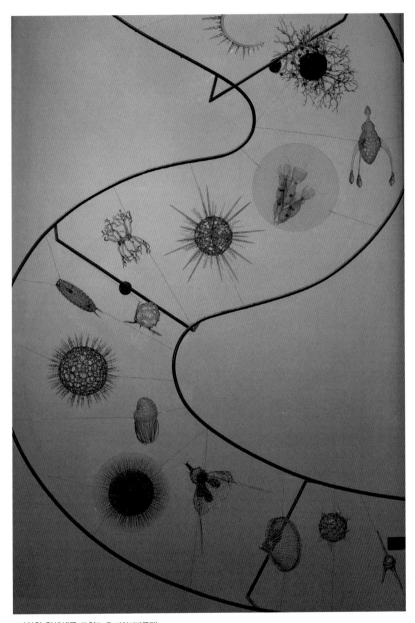

_다양한 원생생물 모형(뉴욕 자연사박물관)

위인 약 30만 종 정도가 해양생물인 것으로 알려져 있다. 비록 알려진 종 숫자로는 육상생물이 더 많지만 생물의 계통 발생 측면에서는 해양생물이 훨씬 다양하다. 이는 육지에 생물이 나타나기 27억 년 전부터 바다에는 오랜 시간 동안 생물이 진화해온 역사가 있기 때문이다. 현재 밝혀진 33개 문 가운데 하나를 제외하고는 모두 바다에 살고 있으며, 15개의 문은 육지에는 없고 바다에만 산다. 이는 생물의 문 가운데 약 절반 정도만 육지에 살고 있다는 이야기이다. 바다는 육지보다 면적이 2배 이상 넓고 생물 조사가 어렵기 때문에 우리가 아직 모르는 생물이 훨씬 더 많이 살고 있을 터이다. 앞으로 바다에 대한 조사를 계속 할수록 해양생물 종은 더 많이 밝혀질 것이다.

심해 생물은 어떻게 살까?

프랑스 심해유인잠수정 노틸(Nautile)호를 타고 태평양 바닷속 5000미터가 넘는 해저에 다녀온 적이 있다. 심해유인잠수정 창밖으로 내다본 수심 5000미터 태평양 심해저 평원은 고요 속에 묻혀 있는 별천지였다. 영겁의 세월 동안 쌓인 누런 퇴적물 위에 감자처럼 생긴 검은색 망가니즈(망간)단괴들이 빼곡히 널려 있고 군데군데 생물들이 바닥을 기어간 흔적이 보였다. 눈이 없는 물고기가 유유히 헤엄치고, 코끼리 귀처럼 생긴 지느러미를 새의 날개처럼 펄럭이며 문어가 춤을 추고 있었다. 바닥에는 어른 신발 두 짝을 이어놓은 것만큼이나 길쭉한 보랏빛 해삼이 몸보다 더 긴 꼬리를 곧추세우고 열심히 기어가고 있었다. 또 쟁반만 한 하얀 불가사리가 진흙에 몸을 반쯤 숨기고, 튤립 꽃을 닮은 해면이 마치 식물처럼 긴 가지 끝에 달려 바닥 위로 솟아올라 있었다.

심해에는 이처럼 우리가 바닷가에서 흔히 보던 생물과는 다른 생물이 살고 있다. 심해란 어떤 곳을 말하며 이곳의 생물은 왜 이처럼 신기한 모습을 하고 있을까? 심해는 대략 대륙붕이 끝나는, 즉 육지에서 멀리 떨어진 수심 200미터보다 깊은 곳을 가리킨다. 바다는 깊이 들어갈수록 환경이 서서히 바뀌게 되고 환경이 변하면 생물의 모습이나 살아가는 방법도 변하게 마련이다.

　바닷속으로 깊이 들어가면서 가장 쉽게 느낄 수 있는 변화는 점점 어두워진다는 것이다. 햇빛이 투과되지 못해 광량이 점차 줄어들기 때문이다. 햇빛이 잘 드는 얕은 바다는 해조류나 식물플랑크톤이 광합성을 해 먹이가 풍부하므로 해양생물이 많이 살 수 있다. 그렇지만 심해는 빛이 없는 암흑 세계이기 때문에 식물이 살기 어렵다. 또 표층 바닷물은 햇볕이 데우지만 깊은 바다는 그렇지 않기 때문에 바다에 깊이 들어갈수록 수온이 낮

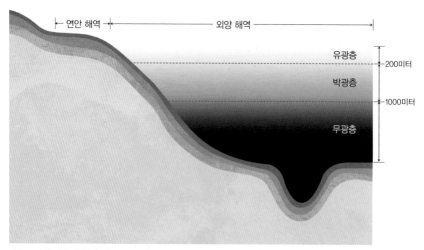

_빛 조건에 따른 바닷속의 층

아진다. 아울러 수온이 낮은 물은 밀도가 커서 무겁기 때문에 아래로 가라앉는다. 따라서 수천 미터 바닷속은 수온이 고작 섭씨 1~2도 정도밖에 되지 않는다. 냉장고 속보다 추운 곳이 바로 심해이다. 또 다른 환경 변화는 수압이 높아진다는 것이다. 수심 1000미터에서 수압은 수면에서보다 100배가 높으며, 수심 1만 미터가 되면 수압은 1000배가 높아진다. 수심 5000미터에서는 수압이 약 500기압이 되는데, 이는 1제곱센티미터 면적을 500킬로그램으로 내리누르는 것과 같다. 우리 손톱 위에 소형 승용차 1대를 올려놓는 것과 흡사한 압력이다.

심해는 이처럼 빛이 없고 수온이 낮으며 수압이 높아서 생물이 살기에 적합한 곳은 아니다. 그렇기 때문에 이곳 생물들은 심해 환경에 적응하기 위해 체형이나 체색이 특이하게 변화했다. 어스름한 빛만이 있는 박광층에 사는 어류는 어두운 곳에서도 잘 보고 먹이를 찾기 위해 대개 눈이 크다. 반면 빛이 없는 무광층에 사는 어류의 눈은 오히려 퇴화했다. 빛이 없으니

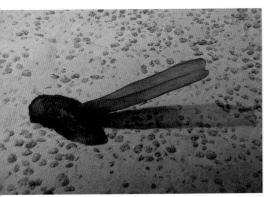
_심해꼬리해삼(북동태평양)

_눈 없는 심해물고기(북동태평양)

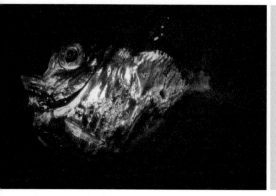

_도끼고기

_풍선장어(출처: 위키피디아)

볼 필요가 없기 때문이다. 심해에 사는 어류인 풍선장어나 아귀는 입이 커서 큰 먹이도 삼킬 수 있고 한번 잡은 먹이를 놓치지 않기 위해 무시무시한 이빨이 입 안쪽으로 휘어져 있다. 심해에 먹이가 부족하다 보니 한번 먹이를 놓치면 언제 또 먹이를 찾을지 모르기 때문이다.

만약 사람이 심해 5000미터를 맨몸으로 내려간다면 엄청난 수압에 눌려 납작해질 것이다. 그렇지만 심해 생물들은 높은 수압에 잘 적응해 살고 있다. 심해 무척추동물 대부분은 어류의 부레나 사람의 허파와 같이 압력을 받으면 수축하는, 기체가 들어 있는 기관이 없기 때문에 높은 수압에 그다지 영향을 받지 않는다. 심해어류는 부레 대신 몸 안에 가벼운 기름이 많아 부력을 조절한다. 또 심해 생물은 수축이 잘 안 되는 수분이 상대적으로 많아 높은 압력에도 잘 견딜 수 있다. 속이 빈 단단한 쇠공을 수천 미터 바닷속에 넣으면 찌그러져도, 음료수가 가득 찬 알루미늄 깡통이 찌그러지지 않는 것도 같은 이치이다.

심해에 사는 생물 가운데는 빛을 내는 것이 많다. 도끼고기는 배 주위에 있는 발광세포에서 빛을 내기 때문에 빛이 반짝이는 수면을 배경으로 하면 포식자의 눈에 잘 띄지 않는다. 심해아귀는 이마에 난 낚싯대 모양의 돌기에서 빛을 내어 먹이를 유인하여 잡아먹는다. 희미한 빛이 있는 박광층에 사는 생물은 유리오징어처럼 투명하거나 심해새우처럼 붉은색이 많다. 투명하면 몸이 보이지 않고 푸른빛이 감도는 곳에서 붉은빛을 내는 생물은 검게 보이기 때문이다.

심해에 사는 생물의 모습이 기이하고 습성이 특이한 것은 모두 그 환경에서 살아남기 위한 적응의 결과이다. 심해 생물을 연구하는 데는 많은 어려움이 있기 때문에 아직 심해의 대부분은 미지의 세계로 남아 있다. 앞으로 심해 잠수정을 비롯하여 다양한 심해 연구 장비들이 개발되면 신기한 심해 생물들이 더 많이 우리 눈앞에 나타날 것이다.

해저산맥은 어떻게 만들어졌을까?

만약 바닷물이 다 말라서 밑바닥이 드러난다면 그 모습은 어떨까? 해저 지형도 육지처럼 산, 언덕, 골짜기, 평원 등 있을 건 다 있다. 또한 태평양, 대서양, 인도양 해저 중앙에 남북 방향으로 남극해와 북극해까지 길게 늘어선 해저산맥이 있다. 잇달아 뻗어 있는 산줄기를 뜻하는 한자 령(嶺)을 사용해 중앙해령이라 불러왔으나 알기 쉽게 중앙해저산맥으로 고쳐 쓰는 것이 좋겠다. 해저산맥의 총 길이는 8만 킬로미터에 달해 지구 둘레를 2번 돌 수 있는 길이다. 해저산맥은 주변보다 2500~3000미터 정도 높게 솟아 있다. 백두산 높이만큼 되는 산들이 바닷속 한가운데 줄줄이 버티고 있는 셈이다.

해저산맥은 어떻게 만들어졌을까? 답을 이야기하기 전에 맨틀, 마그마, 대류 등 관련 용어를 먼저 살펴보자. 맨틀은 지구의 지각과 외핵 사이 부분이며, 마그마는 암석층이 높은 온도에 녹아 만들어진 유동성 물질이다. 맨

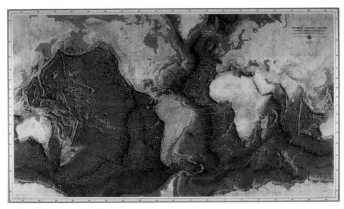

_해저지형(콜롬비아 대학교)

틀은 지구 내부 핵의 뜨거운 열로 인해 대류를 한다. 대류는 유체에 열을 가했을 때 밀도 차이로 유체가 이동하여 열이 전달되는 현상을 말한다. 대류 현상은 우리 주변에서 쉽게 확인할 수 있다. 유리그릇에 물을 넣고 후춧가루를 뿌린 다음 가열해보자. 가열된 아래쪽 물은 팽창하면서 밀도가 작아져 위로 올라가고, 위쪽 물은 대신 아래로 내려오면서 원 모양으로 순환한다. 물의 움직임은 물속의 후춧가루가 어떻게 움직이는지 보면 알 수 있다. 지구의 맨틀 대류도 규모의 차이만 있지 마찬가지 원리이다. 맨틀이 지표 쪽으로 올라가면 양쪽으로 갈라지며 이 틈으로 마그마가 올라와 해양지각이 새로 만들어진다. 마그마가 계속 올라와 높이 쌓이면 해저산맥이 형성된다.

해저산맥의 정상에는 갈라져 생긴 골짜기를 뜻하는 열곡(裂谷)이 있다. V자 모양으로 생긴 이곳은 마그마가 분출하여 해양지각이 만들어지는 장소이다. 새로 만들어진 해양지각은 양쪽으로 1년에 수 센티미터 정도로 아

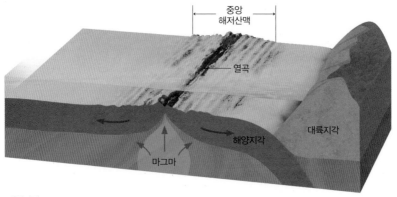

_해양지각

주 천천히 움직인다. 이렇게 해양지각이 확장되면서 마치 슬레이트 지붕처럼 높낮이가 다른 굴곡이 있는 지형이 형성된다. 과학자들은 이런 지형이 어떻게 만들어지는지 답을 얻기 위해 연구해왔다. 그런데 한국의 과학자가 2015년 세계적 과학학술지 〈사이언스Science〉에 명쾌한 답을 실었다.

한국해양과학기술원 부설 극지연구소의 박숭현 박사는 2011년부터 쇄빙연구선 아라온(Araon)호를 이용해 남극 바닷속으로 음파를 쏜 뒤 돌아오는 시간을 측정해 지형을 조사했다. 반대편 산에 부딪쳐 돌아오는 메아리의 원리를 이용하는 것이다. 즉 음파를 쏘아 해저에 부딪쳐 돌아오는 시간을 재서 바닷물 속에서 소리의 속도를 곱한 후 2로 나누면 바다의 깊이를 알 수 있다. 관측 결과를 미국 하버드 대학과 영국 옥스퍼드 대학 연구팀과 함께 분석했더니 남극 중앙해저산맥에 나타나는 굴곡이 빙하기와 간빙기 주기와 관련이 있었다. 이러한 결과를 얻는 순간 얼마나 기뻐했을지 짐작이 간다. 유레카를 외치며 벌거벗고 목욕탕에서 뛰어나온 아르키메데스의 기분이었을 것이다.

빙하기에는 해수면이 간빙기보다 100미터가량 낮아지는데 바닷물 양이 줄면 중앙해저산맥이 받는 압력이 그만큼 낮아져 마그마가 흘러나와 높은 산맥이 형성된다. 반대로 간빙기에는 해수면이 올라가 증가한 바닷물의 압력 때문에 마그마가 적게 나오고 낮은 산맥이 만들어진다. 무관할 것 같았던 빙하기와 간빙기가 바닷속 해저산맥 지형에도 영향을 미친 것이다. 이로써 1950년대 미국 과학자들이 대서양 한복판에서 중앙해저산맥을 발견한 지 반세기도 더 지나서야 굴곡이 왜 있는지 답을 찾게 되었다.

이러한 결과를 얻는 데는 아라온호의 역할도 컸다. 아라온호의 건조에는 세종과학기지 전재규 대원의 값진 희생이 밑거름이 되었다. 해양 연구에 필수적인 연구 장비 덕에 우리 과학자들이 날개를 단 듯 세계적인 연구 실적을 내고 있다. 멍석을 깔면 하던 짓도 안 한다지만 과학자들은 멍석을 깔아주면 더 잘한다.

생명체 탄생의 비밀을 간직한
열수분출공

　1977년 2월 17일 미국 우즈홀 해양연구소(WHOI)의 심해유인잠수정 앨빈(Alvin)호는 갈라파고스 제도에서 북서쪽으로 약 380킬로미터 떨어진 해역에서 잠수를 시작했다. 과학자들은 1974년부터 심해탐사를 시작해서 이곳에서 활발한 해저화산 활동의 징후를 찾아냈으며, 잠수정을 내려 보내 직접 확인하고자 했다. 앨빈호는 잠수한 지 1시간 30분이 지난 후 수심 2700미터의 바닥에 도착했다. 잠수정에 타고 있던 과학자들의 눈앞에 펼쳐진 경치는 우리가 생각했던 바닷속 모습이 아니었다. 굳은 용암 사이에서 검은 연기와 뜨거운 물이 솟아나오고, 연기가 솟아오르는 굴뚝 주변에는 어른 신발보다도 더 큰 대합과 홍합들이 다닥다닥 붙어살고 있었다.

　1979년에 이곳을 다시 찾은 과학자들의 눈앞에는 더욱 신비한 광경이 펼쳐졌다. 열수분출공의 생물 다양성과 밀도는 열대 정글이나 산호초를 능

가했다. 대부분 생물은 처음 보는 특이한 동물이었으며, 사람 팔뚝만 한 두께로 2미터까지 자라는 거대한 관벌레가 가장 많았다.

심해 열수분출공 주변에 사는 관벌레 모형
(뉴욕 자연사박물관)

이렇게 깊은 바닷속에서 뜨거운 물이 분출되는 곳을 심해 열수분출공이라고 한다. 열수분출공은 말하자면 바닷속 온천이다. 그렇다면 열수분출공은 어떻게 만들어질까? 해저 지각의 틈 사이로 스며들어간 바닷물이 뜨거운 마그마에 의해 데워지고 주변 암석에 들어 있는 구리, 철, 아연, 금, 은 등과 같은 금속 성분은 뜨거운 물에 녹아 들어간다. 수온이 섭씨 350도나 되는 뜨거운 물은 지각의 틈 사이로 다시 솟아나온다. 온도가 350도나 되는 물이 솟아나온다고 하니 의아해할지도 모르겠다. 대기압에서 물은 섭씨 100도가 되면 끓어 수증기로 변하지만, 온도가 350도나 되는데도 물이 수증기로 되지 않는 것은 열수분출공이 있는 수심 2000~3000미터 깊이에서는 압력이 200~300기압으로 높기 때문이다. 뜨거운 물에 녹아 있던 물질이 분출되면서 주변의 찬 바닷물과 만나 식으면서 열수분출공 주변에 침전해 굴뚝을 만든다. 이 굴뚝은 시간이 흐르면서 점점 자라는데 높이가 수십 미터에 이르는 것도 발견되었다.

열수분출공의 발견은 생물학사에 혁명적 사건이었다. 발견 당시만 해도 사람들은 깊은 바닷속에는 생물이 많지 않을 것이라고 생각했다. 생태계는 광합성을 해서 스스로 영양분을 만드는 식물이 있어야 유지할 수 있다. 그러나 심해는 햇빛이 도달하지 못하는 암흑 세계이므로 당연히 식물이 살 수 없다. 심해에 사는 동물이 얻을 수 있는 중요한 먹이는 표층에서 죽어 가라앉는 생물의 사체이므로 먹이가 부족할 수밖에 없다. 그래서 사람들은 심해는 생물이 거의 살지 않는 사막과 같은 곳이라고 생각했다. 사막의 오아시스처럼 많은 동물이 살고 있는 심해 열수분출공 광경을 본 과학자들은 당연히 궁금했다. 도대체 이 동물들은 무엇을 먹고살까?

그 후 계속된 조사로 열수분출공 주변에 어떻게 많은 동물이 살 수 있는지에 관한 수수께끼가 풀렸다. 열수분출공에서 뿜어 나오는 검은 연기 속에는 황화수소가 많이 들어 있으며, 이곳에는 황화수소가 산화되어 나오는 화학에너지를 이용해 탄수화물을 만드는 박테리아가 많이 살고 있다. 이 황화박테리아들은 식물이 광합성을 해서 탄수화물을 만드는 것과는 달리 화학합성으로 탄수화물을 만든다. 즉 심해 열수분출공에 살고 있는 박테리아는 식물이 태양에너지를 이용해 광합성을 하고 생태계를 부양하는 것처럼 화학합성을 해서 열수분출공 생태계를 부양한다. 이 발견으로 광합성에 의존하지 않는 생태계가 있다는 사실을 알게 되었다. 그동안 우리 주변에서 보아왔던 식물을 기초생산자로 한 생태계와는 전혀 다른 세계가 바닷속에 있는 것이다.

갈라파고스 제도는 1835년 다윈의 방문으로 진화론의 산실이 되어 생물학사에 큰 발자취를 남겼다. 『종의 기원』이 생물의 진화에 대한 우리의

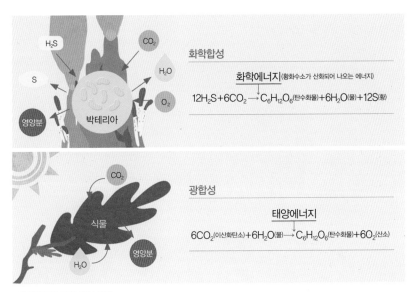

화학합성

화학에너지(황화수소가 산화되어 나오는 에너지)
$$12H_2S + 6CO_2 \rightarrow C_6H_{12}O_6\text{(탄수화물)} + 6H_2O\text{(물)} + 12S\text{(황)}$$

광합성

태양에너지
$$6CO_2\text{(이산화탄소)} + 6H_2O\text{(물)} \rightarrow C_6H_{12}O_6\text{(탄수화물)} + 6O_2\text{(산소)}$$

_화학합성과 광합성의 차이

생각을 바꾸어놓았던 것처럼, 약 140년 후에 열수분출공 주변의 생물군집을 발견함으로써 갈라파고스 제도는 다시 커다란 파문을 일으켰다. 과학자들이 심해저 탐사를 계속하면서 열수분출공을 더욱 많이 발견했다. 한국해양과학기술원의 탐사팀도 파푸아뉴기니 인근 해역에서 새로운 열수분출공을 확인했다. 또한 열수분출공은 산업에 필요한 금속을 많이 포함하고 있어 광물자원으로 개발하려는 노력도 진행 중이다.

햇빛이 없고 수압이 높으며 황화수소와 같은 독성 물질로 가득 찬 척박한 환경에서도 열수분출공에 생물이 존재한다는 사실은 실로 놀라운 일이다. 일부 과학자들은 이러한 환경이 생명체가 지구상에 처음 탄생했을 때의 조건과 비슷할 것으로 추측한다.

_심해무인잠수정 해미래에서 찍은 열수분출공(마리아나 해저분지)

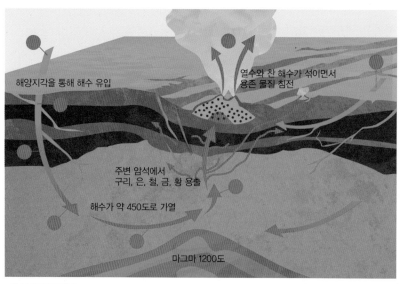

해양지각을 통해 해수 유입

열수와 찬 해수가 섞이면서
용존 물질 침전

주변 암석에서
구리, 은, 철, 금, 황 용출

해수가 약 450도로 가열

마그마 1200도

_열수분출공의 원리

_심해무인잠수정 해미래 정면

　우리는 열수분출공 주변 생태계를 연구해서 태초에 지구상에 생명체가
잉태된 환경과 과정에 대한 귀중한 지식을 얻을 수 있다. 그래서 과학자들
은 지금도 지구 생명체 탄생의 비밀을 풀 수 있는 열쇠를 얻기 위해 위험을
무릅쓰고 열수분출공을 탐사하고 있다.

생태계는 온갖 생물이 밀접한 관계를 맺으며 유지된다.
바다의 건강을 해치는 오염으로 해양생물이 하나둘씩 죽어가는 것은
머지않아 우리에게도 죽음의 그림자가 다가올 것이란 전주곡이다.
몸에 이상을 느끼면 이미 치료하기에 늦은 경우가 많듯이,
바다도 각종 오염으로 이상 징후가 나타날 때면
더 이상 회복이 힘든 경우가 많다.

3장

⋮

바다의 건강을 지켜라

개발과 오염으로 파괴되는 바다

바다의 건강검진

건강한 바다는 오염되지 않은 자연환경 속에서 생물이 맡은 바 자기의 역할을 하면서 살아갈 수 있는 바다를 말한다. 병원에서 혈액, 소변 등 각종 검사를 하면 사람의 건강 상태를 알 수 있듯이 바다의 건강 상태도 각종 조사를 통해 판단할 수 있다. 마치 병원에서 폐를 검사할 때 엑스선 촬영을 하고 심장의 기능을 검사할 때 심전도를 측정하는 것처럼, 바다의 건강 진단도 목적에 따라 여러 장비를 사용하여 다양한 항목에 걸쳐 진행한다. 바다에 영향을 주는 요인으로는 물리·화학적, 생물학적, 지질학적 요인 등이 있다. 따라서 바다에 대한 종합검진을 위해서는 이러한 모든 분야에 대한 조사가 필요하다. 물리·화학적 조사를 하기 위해서는 수온, 염분, 밀도, 용존산소, 영양염류, 오염 물질 등을 측정하며, 생물학적 조사를 위해서는 미생물, 동·식물플랑크톤, 저서생물, 유영생물 등을 대상으로 어떤 생물이 어디에 얼마나 살고 있으며 생태계에서 어떠한 역할을 하는지 등을 연구한다. 해양생물은 바다 건강의 중요한 척도가 되며 지질학적 조사에는 퇴적물 입자의 크기나 성분, 퇴적률 등의 연구가 포함된다.

수온과 염분은 해양생물의 분포에 영향을 미치고 바닷물의 특성 파악에 이용되므로 해양 조사의 필수 항목이다. 수온과 염분은 앞서 설명한 대로 시티디(CTD)라는 장비를 이용하여 측정하며 수심에 따른 수온과 염분을 자동으로 측정하여 해수의 물리적 특성을 분석할 수 있다. 해수의 화학분석을 위해서는 바닷물을 채집할 수 있는 채수기가 필요하다. 수심별로 바닷물을 채수할 때는 채수기가 여러 개 달린 로제트(Rosette) 채집기를 사용한다. 채수기는 기본적으로 원통형 몸체와 양끝에 달려 여닫을 수 있는 마개로 구성되어 있다. 채수할 때는 마개를 연 채수기를 원하는 수심까지 내리고 선상의 컴퓨터에서 신호를 보내 채수기의 양쪽 마개를 닫는다. 이 해수를 사용해 용존산소, 영양염류, 오염 물질, 부유 퇴적물, 엽록소 및 식물 플랑크톤, 미세 동물플랑크톤 등을 분석하게 된다. 로제트 채집기에 시티

_수온, 염분, 수심을 잴 수 있는 로제트 채집기

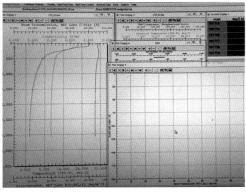

_컴퓨터 화면에 그려진 수심에 따른 수온과 염분 변화

디를 부착하여 해수를 채수함과 동시에 그 위치에서의 수온과 염분을 함께 측정한다.

바닷물 속에 녹아 있는 산소 양을 측정하는 것은 바다의 건강 상태를 판단하는 데 꼭 필요하다. 오염이 심한 곳에서는 미생물이 많은 양의 유기물을 분해할 때 물속의 산소를 소비하므로 용존산소량이 줄어들게 된다. 산소 없이도 살 수 있는 극소수의 미생물을 제외하고 모든 해양생물은 살기 위해 반드시 산소 호흡을 해야 하므로 용존산소량이 적어지면 살기에 부적합한 환경이 된다. 예를 들어 오염이 심한 만 내부의 저층에서는 여름철에 용존산소가 부족한 빈산소층이 형성되어 저서생물이 살 수 없다.

영양염류 농도 측정도 바다 환경의 건강진단에 필수 항목이다. 육상식물이 잘 자라기 위해서는 비료가 필요하듯이 바다에 사는 식물도 영양분이 있어야 잘 자란다. 생활하수, 축산 폐수, 비료 등에서 비롯된 영양염류는 바다로 흘러 들어가 해양식물의 성장에 필요한 영양분이 된다. 그러나 영양염류가 너무 많으면 식물플랑크톤이 적조를 일으키는 등 각종 환경문제가 발생한다.

오염 물질은 산업 폐수나 살충제, 쓰레기 매립장 등에서 유출된 분해되기 힘든 유기 독성물질이나 중금속 등을 포함하며, 먹이망을 통해 해양생물의 몸에 농축되어 중독 현상 및 질병을 일으키므로 중요한 조사항목이 된다. 우리 손을 떠난 오염 물질은 강물을 따라 바다로 흘러가 먼저 식물플랑크톤에 축적되고, 동물플랑크톤이 식물플랑크톤을 먹음으로써 다시 동물플랑크톤의 몸속에 축적된다. 어류가 동물플랑크톤을 잡아먹으면 오염 물질은 물고기 몸속에 농축되고, 사람이 물고기를 먹으면 사람 몸속

에 오염 물질이 축적된다. 이
러한 과정을 생물농축이라 하
며 먹이단계의 위로 올라갈수
록 오염 물질 농도는 점점 높
아진다. 결국 우리가 버린 오
염 물질은 돌고 돌아 우리 입
으로 다시 돌아온다. 오염 물
질은 오스트레일리아 원주민
이 사냥할 때 사용하는 부메랑
과 같아서 일단 손을 떠나더라
도 다시 버린 사람에게 되돌아
온다. 유기 독성물질이나 중금

_퇴적물을 채집하는 다중 주상 채니기

속은 물에 녹아 있어 피해의 심각성을 피부로 느끼지 못하는 경우가 대부
분이다.

환경 조사도 중요하지만, 무엇보다도 해양생물의 건강이 바다의 건강을
판단하는 중요한 기준이 된다. 플랑크톤을 조사할 때는 채수기나 플랑크톤
채집망(plankton net)을 사용한다. 저서생물은 그랩(grab)이나 채니기(corer)
를 사용하여 퇴적물과 함께 채집한 후 저서생물만을 미세한 체로 걸러낸
다. 넓은 면적에서 대형 저서동물을 채집할 때는 드렛지(dredge, 해저의 생물
이나 퇴적물을 채집하는 장치)나 트롤(trawl, 어류를 비롯한 해양생물을 채집하는 그물망)
을 사용하기도 한다. 해양조사를 할 때 트롤을 끌면 바닥에 살던 생물뿐만
아니라 불청객인 음료수병, 고무장갑, 라면봉지, 폐그물 등이 다수 걸려 올

라온다. 연안은 말할 것도 없고 육지에서 멀리 떨어진 곳에서도 저인망에 이러한 쓰레기가 종종 올라오니 바닷속에 얼마나 많은 쓰레기가 버려져 있을지 미루어 짐작할 수 있다.

플라스틱이나 스티로폼과 같은 고체 쓰레기는 우리 눈에 보이기 때문에 누구나 쉽게 피해를 알 수 있다. 플라스틱은 인간 생활을 편리하게 해주지만 생물이 분해하지 않기 때문에 결국은 골칫거리가 된다. 예전에는 생물이 모든 물질을 분해해 다시 이용할 수 있는 재활용의 수레바퀴에서 벗어나지 않아 환경 문제가 발생하지 않았다. 그러나 플라스틱처럼 이 바퀴에 맞물려 돌지 않는 물질을 사람이 자꾸 만들게 되면서 잘 돌던 바퀴가 점점 힘겹게 돌아가고 있다. 특히 최근에는 우리 눈에 보이지 않는 아주 미세한 플라스틱 알갱이 때문에 더욱 심각한 환경 문제가 발생하고 있다. 해결책을 마련하지 않으면 머지않아 온 바다가 분해되지 않는 쓰레기로 뒤덮일 날이 올 것이다.

생태계는 온갖 생물이 밀접한 관계를 맺으며 유지된다. 따라서 바다의 건강을 해치는 오염으로 해양생물이 하나둘씩 죽어가는 것은 머지않아 우리에게도 죽음의 그림자가 다가올 것이란 전주곡이다. 몸에 이상을 느끼면 이미 치료하기에 늦은 경우가 많듯이, 바다도 각종 오염으로 이상 징후가 나타날 때면 더 이상 회복이 힘든 경우가 많다. 그렇기 때문에 장기적으로 모니터링을 통해 변화를 파악하고 환경이 파괴되기 전에 미리 대책을 세우는 노력이 필요하다.

바다가 더워지면 어떻게 될까?

지구가 더워진다고 야단이다. 지구온난화 때문이다. 산업의 급격한 발달로 그동안 석탄과 석유와 같은 화석연료를 점점 더 많이 사용하면서 대기 중 이산화탄소 농도는 꾸준히 증가해왔다. 지난 1958년부터 1988년까지 하와이 섬 마우나로아(Mauna Roa) 관측소에서 측정한 대기 중 이산화탄소 농도는 315피피엠에서 350피피엠으로 계속 증가했다. 많은 과학자들은 대기 중 이산화탄소 농도가 계속 증가해 앞으로 100년 후면 현재의 2배가 될 것이라고 예측한다. 이산화탄소는 온실효과를 일으켜 기온을 높이는 역할을 한다. 온실효과를 일으키는 기체에는 이산화탄소, 오존, 메테인, 염화불화탄소 등이 있으며 이것들을 온실가스라고 한다. 대기 중에 온실가스 농도가 증가하면서 지구의 평균 기온도 점차 올라가고 있다.

기온이 올라가면 지구에 어떤 일이 일어날까? 우선 생각할 수 있는 일은 해수면의 상승이다. 기온이 올라가면 극지방에 있는 빙하가 녹아내린다.

_녹아내리는 빙하(알래스카)

그렇지 않아도 수온이 올라가면 물이 팽창하여 부피가 늘어날 텐데, 빙하가 녹아 많은 양의 물이 바다로 흘러 들어가면 해수면이 높아질 것은 당연하다. 과학자들은 앞으로 100년 안에 바닷물이 약 1미터 정도 높아질 것으로 내다본다. 대부분 큰 도시들이 바닷가에 있다는 점을 감안할 때, 해수면이 높아지고 태풍이라도 몰아치면 큰 피해가 나는 것은 불 보듯 뻔하다. 또한 해류의 흐름이 바뀔 수 있다. 지구온난화로 바람의 방향이 바뀌면 해류의 방향도 바뀐다. 해류는 적도 지방의 열을 고위도로 운반하며 지구의 기온 조절에 큰 역할을 한다. 해류의 방향이 바뀌면 기상이 국지적으로 바뀌어 생태계는 큰 변화를 겪게 된다. 지금도 지구상의 어떤 곳은 사막화가 진행되고 또 어떤 곳은 태풍과 홍수로 큰 피해를 입고 있다.

이산화탄소가 늘어나면 해양 생태계에 어떤 일이 일어날까? 이산화탄소는 식물이 광합성을 하는 데 꼭 필요한 물질이기 때문에 이산화탄소가 늘어나면 식물플랑크톤에 따른 1차 생산이 늘어날 것이다. 지난 20년간 북태평양에서 조사한 결과에 따르면 대기 중의 이산화탄소가 증가하면서 식물플랑크톤의 양이 늘어났다. 식물플랑크톤은 해양 생태계의 모든 생물을 먹여 살리는 1차 생산자이기 때문에 식물플랑크톤이 증가하면 새로운 어장이 생길 수도 있다. 그렇지만 오염이 심한 연·근해에서는 적조가 더욱 자주 일어나 생태계에 큰 피해를 줄 수도 있다. 적조가 일어난 후 바닷물 속에 산소 농도가 줄어들면 해양 생태계 전체가 끔찍한 최후를 맞게 될 가능성도 있다. 지금도 오염이 심한 만에서는 여름철에 저층 산소가 고갈되어 저서생물이 살지 못한다.

온실가스가 증가하면서 기온이 올라 기상 및 생태계에 이변이 잇따르고 있다. 이산화탄소가 증가하면 이런 이변은 더욱 비일비재해질 것이다. 과학자들이 지구온난화에 따른 여러 가지 시나리오를 예측하고 있지만 과학적으로 증명하기에는 우리가 알고 있는 지식이 너무 적다.

지구온난화인데
왜 폭설과 추위가 찾아올까?

최근 기상이변에 관한 뉴스가 끊이지 않는다. 우리나라와 중국은 겨울에 유난히 춥고 눈이 많은 날이 잦다. 지구 반대편의 미국도 겨울에 1미터가 넘는 눈 속에 파묻히는 일이 잦아져서 2010년에는 수도 워싱턴의 누적 적설량이 140센티미터에 이르기도 했다. 그런가 하면 북아메리카 대륙의 남서부와 멕시코, 브라질에서는 폭우가 내려 침수 등의 피해가 잇따르기도 한다. 이처럼 지구 곳곳이 눈과 비의 폭탄 공격으로 아수라장이다.

이러한 일련의 사태로 지구온난화에 의구심을 품는 사람이 늘고 있다. 지구온난화가 일어난다는데 웬 폭설과 추위냐고 고개를 갸우뚱한다. 하지만 지구온난화가 일어나도 국지적으로 추워지는 곳이 생길 수도 있다. 단기간의 기상 현상과 장기간의 기후는 다르기 때문이다. 며칠 반짝 추웠다고 해도 장기적으로 보면 지구의 평균 온도가 올라가고 있다. 지구온난화로 위기 의식을 조장해 사람들을 불안의 도가니로 몰고 가는 것도 문제이지만 그렇다고 지구온난화를 나 몰라라 방치해서는 안 된다.

눈이나 비가 내렸다 하면 들이붓듯이 오는 이유는 수증기를 많이 품은 구름이 발달했기 때문이다. 이 구름은 바닷물의 온도 상승과 무관하지 않다. 바닷물의 온도가 올라가면 증발하는 수증기 양이 많아져 강수량 역시 많아진다. 우리나라 서해안에 최근 들어 눈이 많이 내리는 것도 황해의 표층 수온이 올라가는 것과 관련이 있다. 북서쪽에서 불어오는 겨울 바람이 황해를 건너오면서 많은 수증기를 품기 때문이다.

바다는 기상과 기후에 큰 영향을 미친다. 해류는 적도 지방의 열을 고위도 지방으로 운반하여 지구의 기온을 조절한다. 영국이 위도가 높지만 겨울에 온화한 것도 멕시코 만류가 따뜻한 바닷물을 고위도로 운반하기 때문이다. 지구온난화로 극지방의 얼음이 녹아버리면 현재의 해류 형태가 바뀌게 된다. 그러면 따뜻하던 지역이 추워질 수도 있고 폭설이 내릴 수도 있다.

기상이변이나 기후변화를 이해하기 위해서는 해양관측 자료가 필수적이다. 병원에서 환자를 진료할 때 체온을 재듯이 해양의 상태를 관측해야 기상이변을 파악할 수 있다. 그러나 광대한 바다 구석구석을 관측하는 것이 쉬운 일은 아니다.

2010년 1월 말 세계 유명 해양 연구기관의 장들이 러시아 모스크바에 모였다. 제11차 전지구해양관측협의체(POGO) 회의에 참석하기 위해서였다. 이 회의는 1999년 미국 스크립스 해양연구소가 주축이 되어 만들어졌으며, 그 목적은 선진 해양 연구기관들이 서로 협력하여 전 지구 해양관측 시스템을 효율적으로 운영하기 위함이다. 연구 기반을 갖춘 선진 연구기관

_러시아 시르쇼프 해양연구소

들이 상호 협력하면 방대한 해양관측 자료를 얻기가 쉽다. 백짓장도 맞들면 낫다고 하지 않는가. 제11차 회의를 주관한 시르쇼프 해양연구소는 러시아과학원 산하로 바다를 종합적으로 연구하는 기관이다. 참석한 나라 면면을 살펴보면 미국, 영국, 프랑스, 일본, 독일, 러시아, 중국 등 모두 내로라하는 해양강국이다. 2011년 1월에는 우리나라 한국해양연구원(지금의 한국해양과학연구원)이 총회를 주최했다. 기후 변화를 이해하기 위한 해양과학자들의 노력은 계속된다.

바닷물이 산성화된다

2010년 멕시코 칸쿤에서 열린 제16차 유엔기후변화협약(UNFCCC) 당사국 총회에서 유엔환경계획(UNEP)은 우리의 관심을 끌 만한 보고서를 발표했다. 바닷물이 빠른 속도로 산성화되고 있어 앞으로 수산물이 줄어들 것이라는 전망이었다. 이 보고서에 따르면 현재 해수의 평균 수소이온지수(pH)는 200여 년 전에 비해 0.1이 떨어진 8.1로, 산성도는 30퍼센트가량 증가했다. 이 기간 동안 배출된 이산화탄소의 25퍼센트가 바다로 흡수되어 바닷물의 탄산 농도가 높아졌기 때문이다. 온실가스 가운데 하나인 이산화탄소는 산업화로 계속 증가했다. 이런 추세가 계속될 경우 이번 세기말 바닷물의 수소이온지수는 7.8로 떨어지고 산성도는 150퍼센트가량 증가할 것이다. 참고로 수소이온지수가 7이면 중성이고 이보다 낮아질수록 강한 산성이 된다. 그리고 7보다 높으면 알칼리라고도 하는 염기성이 된다.

바닷물이 산성화되는 현상을 해양 산성화라고 한다. 대기 중에 이산화탄소가 늘어나면 지구온난화가 발생한다는 것은 누구나 아는 사실이다. 그나마 다행은 이산화탄소 상당량을 바다가 흡수하기 때문에 지구온난화의 속도가 우리 예상보다 늦다는 점이다. 이러한 지구 기후 조절 기능은 바다가 우리에게 베푸는 큰 혜택 중 하나이다. 그렇지만 바다는 이 때문에 몸살을 앓기 시작했다. 이산화탄소를 흡수한 바다의 산성화가 진행되고 있는 것이다. 늘어난 대기 중 이산화탄소가 바닷물에 더 많이 녹아들면 해수의 수소이온지수가 점차 감소한다. 이산화탄소가 바닷물에 녹으면 탄산이 만들어지고, 이 탄산은 탄산염과 수소이온으로 분리되면서 수소이온이 만들어진다. 해수 중에 수소이온이 늘어날수록 해수는 더 산성이 된다.

해양 산성화는 왜 문제가 될까? 해양 산성화는 조개나 갑각류, 산호의 껍데기와 골격 형성을 방해한다. 콜라나 사이다와 같은 탄산음료에 조개껍데기를 오랫동안 넣어두면 탄산칼슘 성분의 조개껍데기가 녹아버리는 현상을 관찰할 수 있다. 해양 산성화는 식물플랑크톤과 동물플랑크톤의 성장에도 영향을 미친다. 해양 생태계의 바탕이 되는 이들이 줄어들면 먹이사슬을 통해 해양 생태계 전체가 영향을 받게 된다. 또한 해양 산성화로 해파리가 늘어나기도 한다. 동물플랑크톤을 먹는 해파리가 늘어나면 어류의 개체수가 감소한다. 이 밖에도 일부 해양생물의 신진대사에도 영향을 미친다. 치어는 해수의 산성화로 방향감각이나 후각 장애를 겪을 가능성이 있다. 만화영화 「니모를 찾아서Finding Nemo」의 주인공 물고기 흰동가리가 해양 산성화로 전정기관에 문제가 생겨 방향감각을 잃고 포식자에게 다가간 장면이 바로 한 예이다.

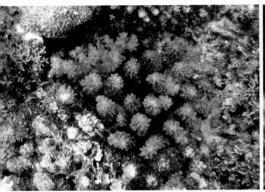
_산호

_흰동가리

　해양 산성화를 방지하는 가장 좋은 방법은 온실가스의 주범인 이산화탄소를 적게 배출하는 것이다. 화석연료 대신 태양열이나 바람, 바닷물의 흐름이나 파도 등을 이용하여 전기를 얻는 것도 한 방법이다. 이 밖에도 석탄과 석유 같은 화석연료를 사용한 후 발생하는 이산화탄소를 기름을 파낸 유전에 다시 묻어 인공적으로 제거하는 방안도 연구하고 있다.

　우리나라에서도 최근 해양 산성화에 대한 연구가 시작되었다. 우리나라를 비롯해 일본, 러시아, 미국 해양과학자들이 공동으로 연구한 결과에 따르면, 동해는 전 세계 바다보다 평균 2배나 빠르게 산성화되고 있다. 또 제주도의 자리돔이 해양 산성화로 줄어든다는 연구 결과도 있다. 해양 산성화로 바다 이곳저곳에서 관찰되는 이상 현상은 전주곡에 불과할 수도 있다. 미국은 해양 산성화의 심각성을 깨닫고 최근 관련법을 새로 만들었다. 우리도 해양 산성화에 더 많은 관심을 가질 필요가 있다.

해안선이 줄어들고 있다

　매년 휴가철이면 많은 사람들이 바닷가를 찾는다. 해안은 땅과 바다가 만나는 지점으로, 두 부분이 맞닿은 선을 해안선이라고 한다. 그렇다면 이 해안선의 길이는 대체 얼마나 될까? 자료마다 달라 정확한 수치를 알기는 어렵다. 해안선은 칼로 베어놓은 듯 반듯하지 않으니 거리 재기가 쉽지 않다. 최근에는 인공위성을 이용하여 해안선 거리를 측정한다. 또한 조석(潮汐) 간만(干滿)의 차에 따라 해수면이 달라져서 해안선 길이가 수시로 변한다. 해안선 길이는 흔히 바닷물의 수위가 가장 높은 밀물(滿潮) 때를 기준으로 한다. 2009년 국립해양조사원 자료에 따르면 우리나라 해안선 길이는 육지에서 6840킬로미터, 섬에서 5910킬로미터로 총 1만 2750킬로미터에 달한다.

　우리나라는 다른 어느 나라보다 해안선이 길다. 특히 서해안과 남해안은 굴곡이 심한 리아스식 해안이라 육지 면적 대비 해안선의 길이가

129퍼센트나 된다. 섬나라 일본도 고작 87퍼센트 수준밖에 안 되는데 말이다. 해안선이 길면 장점이 많다. 육지 면적에 비해 해안선이 길면 그만큼 바다에 접근하기가 쉽다. 해양 물류, 해양 레크리에이션 등 바다와 관련된 모든 산업과 여가 활동이 효율적으로 이루어질 수 있다. 긴 해안선을 따라 발달한 다양한 생태계는 뭇 생명체의 서식지이자 환경을 깨끗하게 해주는 정화 시설이다. 서·남해안을 따라 갯벌이 잘 발달해 있는 우리나라 갯벌은 세계 5대 갯벌에 속할 만큼 유명하다. 갯벌에 사는 생물은 관리만 잘하면 스스로 늘어나 우리의 곳간을 풍성하게 채워준다. 하지만 긴 해안선을 따라 서식하는 풍부한 수산자원을 우리는 보물인 줄 모른다.

노벨 경제학상 수상자인 미국의 엘리노어 오스트롬(Elinor Ostrom, 1933~2012) 교수는 "한국은 해안선이 아주 길어 좋은 어장이 많고 수산자원이 풍부하다. 이런 해안을 잘 보호하는 것이 한국의 지속가능한 발전을 위해 중요하다"라고 언급했다. 우리가 익히 알고 있는 이야기이다. 그러나 과거를 되돌아보면 우리는 그에 역행하는 일을 많이 해왔다. 다른 나라들은 오히려 해안선을 더 늘리려는 노력을 하고 있다. 아랍에미리트에서는 야자수를 닮은 인공 섬을 만들어 해안선을 늘이고 있다.

최근 국립환경과학원은 우리나라 해안선 길이가 지난 100년 사이 약 1900킬로미터나 감소했다고 발표했다. 우리나라 현재 지도의 해안선을 1910년대 것과 비교하면 해안선의 거의 3분이 1이 사라졌다고 한다. 특히 해안선이 복잡한 서해안에서 감소 폭이 두드러져 1910년대 4201킬로미터에서 현재는 2450킬로미터로 절반 가까이 감소했다. 간척, 매립 등으로 조간대의 갯벌과 염습지, 사구가 사라지고, 대신 끝이 보이지 않는 방파제가

_복잡한 해안선(부산)

육지와 바다의 경계를 차지하면서 구불구불했던 해안선이 직선화되었다.

우리나라 서해안과 남해안의 구불구불한 해안선을 따라 끝없이 발달한 갯벌은 질척거리는 쓸모없는 땅이 결코 아니다. 뭇 생명을 키워내는 기름진 땅이고, 태풍이나 해일로부터 우리의 보금자리를 지켜주는 파수병이다. 높은 건물과 거미줄처럼 얽힌 도로, 연기를 뿜어내는 공장, 농경지가 대신 차지하기에는 너무나도 아까운 곳이다.

개발을 중시하는 입장에서 보면 구불구불한 해안선이 눈에 거슬릴 수

_새만금 방조제

있겠다. 그러나 우리는 자연에서 구불구불한 것이 반듯한 것보다 훨씬 효율성이 높은 사례를 무수히 알고 있다. 식물의 뿌리를 살펴보라. 물고기의 아가미를 들추어보라. 그 표면이 어떤 모양인지, 왜 그렇게 복잡하게 생겼는지 곰곰이 생각해볼 일이다.

지구의 콩팥, 갯벌이 아프다

간조 때 서해안을 찾으면 석양에 붉게 물든 하늘과 눈앞에 드넓게 펼쳐지는 갯벌이 그야말로 장관이다. 우리나라 서해안과 남해안에 발달한 갯벌은 미국과 캐나다 동해안, 북해 연안, 남아메리카 아마존 강 하구에 발달한 갯벌과 더불어 세계 5대 갯벌에 속한다. 우리나라 갯벌 면적은 2013년 기준으로 약 2487제곱킬로미터로, 우리 국토 면적의 2.5퍼센트 정도이다. 우리나라에서 가장 큰 섬인 제주도(1862제곱킬로미터)와 그다음으로 큰 거제도(384제곱킬로미터)를 합한 면적보다도 넓다. 갯벌 면적을 측정하기 시작한 1987년 자료와 비교했을 때, 26년 동안 갯벌은 무려 716제곱킬로미터가 매립되었다. 사라진 갯벌 면적이 서울시보다도 넓은 셈이다.

우리 몸은 허파에서 이산화탄소와 산소를 교환하고 콩팥에서 노폐물을 걸러낸다. 자연에도 지구의 허파와 콩팥 역할을 하는 존재가 있다. 동남아시아나 남아메리카 열대우림에 무성한 식물은 광합성 과정으로 이산화탄소를 흡수하고 산소를 만들어 배출한다. 그래서 열대우림을 지구의 허파라고 한다. 또한 갯벌은 노폐물을 걸러주는 콩팥 역할을 하므로 지구의 콩팥이라고 부른다. 갯벌에 쌓인 각종 오염 물질들은 미생물이 분해해 식물의 영양분으로 쓰이며 미생물은 다른 동물의 먹이가 된다. 또한 갯벌에 사는 대부분 동물들은 갯벌에 쌓여 있는 유기물을 먹고 산다. 이러한 과정을 거쳐 갯벌 생태계는 오염 물질 정화 작업을 하게 된다. 갯벌에는 다양한 생물이 살고 있으며, 이들의 생산력은 외양역(外洋域, oceanic region)에 비해 10~20배나 된다. 갯벌에서 바지락이나 동죽 같은 수산물을 잡더라도 화수분처럼 곧 다시 채워진다. 갯벌은 태풍이나 해일로부터 육지를 보호해주는 완충지이자 생태 관광지로서 가치가 있다.

갯벌은 조수 간만에 따라 공기 중에 노출되기도 하고 바닷물에 잠기기도 하는, 바닥이 펄이나 모래로 된 곳을 말한다. 바닥이 진흙으로 된 곳을 펄 갯벌, 모래로 된 곳을 모래 갯벌이라고 한다. 갯벌은 아무 데서나 만들어지지 않는다. 갯벌이 형성되기 위해서는 여러 가지 조건이 맞아야 한다. 갯벌은 강 하구나 해수의 교환이 비교적 적은 만, 경사가 완만하고 조석의 차가 큰 조간대에 발달한다. 이런 곳은 강물이 운반한 진흙이나 모래가 많이 퇴적되고, 외양과 해수 교환이 잘 되지 않아 조류나 파도가 약해 모래나 진흙이 먼 바다로 유실되지 않기 때문이다. 강물이 운반한 진흙과 모래가 흐름이 느린 하구에 도달하면 바닥에 쌓여 갯벌이 발달한다.

강화도 주변의 광대한 갯벌도 한강 하구라는 지리적 조건으로 발달했다. 동해안처럼 파도가 강하고 조수 간만의 차가 적으며 바닥의 경사가 심하고 바다로 흘러드는 큰 강이 없는 곳에서는 갯벌이 만들어질 수 없다. 대

_강화도 갯벌

신 바위로 된 해안이나 굵은 모래로 된 백사장이 발달한다. 갯벌은 미세한 진흙이나 모래가 쌓여 형성되기 때문에 해류가 조금만 바뀌어도 쉽게 파괴된다. 또한 연안 개발을 위해 방조제를 만들거나 연안을 매립하면 바닷물의 흐름이 바뀌어 갯벌이 망가진다.

모래나 펄 틈 사이에는 아주 작은 공간이 있다. 이 간극공간(interstitial space)은 모래나 펄 입자가 작을수록 좁아진다. 백사장처럼 간극공간이 큰 곳에서는 바닷물이 모래 사이로 자유롭게 스며들 수 있어 산소를 공급하고 노폐물을 씻어 버릴 수가 있다. 백사장은 갯벌보다 경사가 심해 썰물 때 바닷물이 빨리 빠져 쉽게 마른다. 반면 갯벌처럼 입자 사이에 빈 공간이 거의 없는 곳은 바닷물이 잘 스며들지 못해 산소 공급이 안 되고 쌓여 있는 유기물 제거도 어렵다. 그러므로 유기물을 잡는 덫 역할을 한다. 유기물은 갯벌 윗부분에 쌓이고, 비교적 산소 공급이 잘 되는 위층은 갈색을 띤다. 그 아래층의 유기물은 갯벌 동물이나 미생물이 소비하므로 줄어든다. 펄은 그 속에 사는 생물의 호흡으로 산소가 점점 줄어들기 때문에 펄 속으로 약 40~60센티미터 들어가면 무산소 상태가 된다. 그렇다고 생물이 살지 않는 것은 아니다. 산소가 없이도 살 수 있는 혐기성 미생물이 유기물을 분해하며 산다. 이들은 산소 대신 해수 중에 있는 황산이온을 이용하고 그 부산물로 황화수소를 만든다. 황화수소는 달걀 썩는 냄새가 나기 때문에 갯벌에 가면 이런 냄새가 난다. 갯벌을 깊이 파면 검은색을 띠는데, 이는 산소가 없는 상태에서 펄 속의 철분이 황과 결합하여 검은색의 황화철을 만들기 때문이다.

열대우림은 금세기 들어 이미 아프리카에서 50퍼센트, 동남아시아와 중남아메리카에서 40퍼센트 정도 소실되었다. 지금도 매년 한반도 절반만 한 면적의 열대림이 파괴되고 있다. 열대우림은 원목을 얻으려 벌목하거나 농경지를 만들려고 태우거나 벌채하기 때문에 파괴된다. 그렇지 않아도 화석연료의 사용으로 대기 중 이산화탄소가 증가하여 지구온난화가 일어나는 상황에서 이산화탄소를 흡수하고 산소를 만들어 뿜어내는 열대우림을 파괴하는 일은 불에 기름을 끼얹는 행위가 아닐 수 없다.

갯벌의 파괴도 심각하다. 세계 인구의 절반은 바다 근처에서 살고 있다.

바다로 흘러드는 강 주변에 살면 물을 얻기가 쉽고, 평탄한 해안 지형은 도시의 개발에 편리하며, 뱃길로 물자 수송이나 이동이 쉽고 바다로부터 풍부한 식량 자원을 얻을 수 있기 때문이다. 해안에 인구가 집중되다 보니 갯벌까지 매립해가며 도시와 공업단지, 농지를 만들고 있다. 그 바람에 해양 생물은 살 곳을 잃었다. 사람이 모여 살면 도시 하수나 산업 폐수 등 오염 물질이 늘어나는 반면, 지구의 콩팥 역할을 하는 갯벌은 점차 줄어 설상가상으로 오염이 심해진다.

사람은 콩팥이 두 개여서 하나가 없어도 살 수 있다. 또 경우에 따라서는 다른 사람의 콩팥을 이식받아서 살 수도 있다. 그러나 지구의 콩팥은 이식할 수 없다. 인공갯벌을 만들기도 하지만, 있는 갯벌을 지키는 것이 더 현명하다. 광대한 갯벌이 있는 우리나라는 자연의 혜택을 받은 곳이다. 소중한 갯벌을 연안개발이라는 근시안적 이익 때문에 훼손해서는 안 되겠다.

플라스틱 쓰레기로 몸살을 앓는 바다

사람의 손길이 닿지 않는 태평양 한가운데에 쓰레기로 만들어진 섬이 있다는 소문은 사실일까? 답은 '그렇다'이다. 사람들이 버린 플라스틱 쓰레기가 바다에 떠서 해류와 바람에 휩쓸려 태평양 한가운데로 모인 것이다. 쓰레기 섬 이야기는 비단 오늘만의 일은 아니다. 1997년 미국 로스앤젤레스에서 하와이까지 요트 경주에 참가했던 한 선수가 갖가지 플라스틱으로 가득한 쓰레기 섬을 발견한 적이 있다. 그로부터 15년 후에 다시 섬을 찾았을 때 그 쓰레기 섬은 100배나 커져 있었다. 그는 충격적인 현장을 무인기에 달린 카메라로 찍어 〈사이언스〉 잡지에 실었다.

그나마 눈에 보이는 쓰레기는 수거해서 처리할 수 있지만 너무 작아 보이지 않는 유령 쓰레기는 그야말로 속수무책이다. 쓰레기 중에 가장 골칫거리는 스티로폼이다. 스티로폼은 가공하기 쉬워 일상생활에 널리 쓰인다. 스티로폼은 플라스틱의 일종으로 물을 잘 흡수하지 않고 가벼워 물에 잘

_바닷가에 밀려온 스티로폼 부표   _부서진 스티로폼 알갱이

뜨기 때문에 물고기 양식장의 부표를 만들 때 주로 쓴다. 또 열을 잘 차단하여 아이스박스나 단열 포장 용기를 만들 때도 사용한다. 하지만 스티로폼은 사용하기 편리한 데 반해 생물이 분해하지 못하기 때문에 환경 문제를 일으킨다.

해양수산부 통계에 따르면 부피를 기준으로 우리나라 해양 쓰레기의 37퍼센트는 스티로폼으로 만든 부표라고 한다. 남해안으로 여행을 가본 적이 있다면 양식장에 하얀 스티로폼 부표가 줄을 맞춰 끝없이 펼쳐져 있는 광경을 보았을 것이다. 언뜻 푸른 바다와 하얀 부표가 조화를 이뤄 아름답게 보이지만 그 속을 들여다보면 여간 우려스러운 일이 아니다. 부표는 사용하다 보면 마모되어 작은 알갱이로 부서진다. 이 스티로폼 조각이 바닷가에 쌓여 마치 눈이 내린 것처럼 보이는 곳도 많다. 조각들이 계속 마모되다 보면 현미경으로도 간신히 보일 정도로 아주 작아진다. 우리 눈에 잘 안 보이는 미세한 스티로폼 알갱이는 수거가 불가능하여 경관을 해칠 뿐만 아니라 해양 생태계를 교란시킨다.

작은 플라스틱 알갱이를 마이크로플라스틱(microplastics)이라고 한다. 얼마나 작아야 마이크로플라스틱이라고 할까? 흔히 현미경으로 확인이 가능한 1밀리미터보다 작은 모든 종류의 플라스틱 알갱이를 말하지만, 학자들마다 조금씩 차이가 있어 5밀리미터보다 작은 것을 마이크로플라스틱이라고 부르기도 한다. 마이크로플라스틱은 플라스틱으로 만든 물건이 파도와 같은 물리적 힘이나 햇빛에 광분해되어 만들어진다.

마이크로플라스틱이 생태계에 어떤 피해를 입히는지는 아직 잘 모른다. 그렇지만 바다에서 홍합처럼 식물플랑크톤을 걸러먹는 동물(여과식자)이나 갯지렁이처럼 바닥에 가라앉은 퇴적물을 먹는 동물(퇴적물식자)의 경우 모두 마이크로플라스틱을 먹는 것으로 알려져 있다. 동물플랑크톤을 먹는 작은 물고기도 마이크로플라스틱을 먹을 수 있다. 이런 플라스틱 알갱이는 동물의 소화관을 막거나 소화되지 않은 채 몸에 쌓여 생물을 죽음에 이르게 한다. 플라스틱에서 녹아나오는 독성 물질도 피해를 준다.

이에 대처하기 위해 우리나라 정부는 친환경 부표에 대한 인증 기준을 마련하고, 쉽게 부스러지는 부표 대신 내구성이 강한 부표 사용을 점차 늘려나가도록 노력하고 있다. 친환경 부표는 충격에 잘 견딜 수 있도록 기존 고밀도 부표의 표면을 코팅하거나 필름을 씌웠기 때문에 잘 부스러지지 않아 환경 문제를 덜 일으킨다. 또한 부력을 오래 유지할 수 있어 버려진 부표의 수거도 훨씬 쉽다.

환경호르몬이 암컷을 수컷으로

이미 반세기도 전인 1962년 레이첼 카슨(Rachel Carson, 1907~1964)은 유명한 저서 『침묵의 봄Silent Spring』을 발간했다. 이 책에서 카슨은 미국 5대호 주변 야생동물의 생식 이변을 고발하며 계속 디디티(DDT)와 같은 화학물질을 사용하면 봄이 와도 새들이 지저귀는 소리를 들을 수 없게 될 것이라고 경고했다. 1996년 테오 콜본(Theo Colborn, 1927~2014)을 비롯한 저자 3명이 출판한 『도둑 맞은 미래Our Stolen Future』에서도 다시 한 번 환경호르몬에 대한 경각심을 불러일으켰다.

최근 우리나라에서도 환경호르몬에 대한 뉴스가 언론에 자주 오르내린다. 환경호르몬이란 환경 중에 방출되어 호르몬과 같은 작용을 하는 화학물질로, 정확한 명칭은 내분비 장애(교란)물질이다. 이 환경호르몬은 우리가 일상생활에서 쓰는 살충제, 제초제, 플라스틱 재료, 계면활성제 등에 주로 포함되어 있다.

현재까지 환경호르몬으로 알려진 화학물질은 70여 종에 이른다. 폐기물의 소각 과정이나 종이 펄프의 염소 표백 과정에 생성되는 다이옥신(dioxine), 전기 제품의 절연체로 사용하는 피시비(PCB, polychlorinated bipenyls), 제초제에 사용하는 아미트롤(amitrole), 아트라진(atrazine), 시마진(simazine) 그리고 살충제에 사용하는 디디티(DDT, dichloro diphenyl trichloroethane), 말라티온(malathion), 엔도설판(endosulfan), 선박의 방오용 페인트에 사용하는 유기 주석 화합물 트리부틸주석(TBT, tributyl tin)과 트리페놀주석(TPhT, triphenol tin), 플라스틱 식기에 들어 있는 비스페놀A(bisphenol A), 계면활성제에 들어 있는 노닐페놀(nonylphenol), 접착제에 사용하는 디사이클로헥실 프탈레이트(DCHP, dicyclohexyl phthalate), 잉크나 세제에 들어 있는 알킬페놀(alkyl phenol), 그리고 카드뮴, 납, 수은과 같은 중금속도 포함이 된다. 또한 유산 방지나 성장 촉진을 위해 합성한 인공 에스트로겐(DES, diethylstilbestol)도 환경호르몬으로 알려져 있다. 이 화학물질들은 여성호르몬인 에스트로겐(estrogen)과 비슷한 작용을 하여 인간과 야생동물의 생식에 이상을 일으킨다.

선박의 방오용 페인트에 부착생물이 달라붙지 못하도록 첨가하는 트리부틸주석은 암컷 고둥의 몸에 수컷 성기처럼 생긴 돌기가 자라 불임 암컷이 되는 임포섹스(imposex)를 일으킨다. 이 트리부틸주석은 굴의 성장을 억제하고 패각이 두꺼워져 기형을 일으키는 것으로도 알려져 있다. 디디티는 이미 오래전에 생산이 금지되었으나 아직까지 피해 사례가 보고되고 있으며, 미국 플로리다에서 서식하는 수컷 악어의 성기가 왜소해지는 원인이되었다. 다이옥신은 쥐 태아의 기형이나 출혈, 생식기관의 발달 장애를 일

_방오 페인트를 칠한 선체 아랫부분

으킨다.

환경호르몬은 야생동물에만 영향을 미치는 것이 아니다. 먹이망을 통한 생물 농축 과정으로 인간에게도 각종 암을 일으키고 정자의 숫자를 감소시키는 등 여러 가지 악영향을 미치는 것으로 알려져 있다. 한 예로 베트남전 당시 사용한 고엽제에 포함되어 있던 다이옥신은 기형아 출산을 비롯한 많은 후유증을 남겨 환경호르몬의 심각성을 확인시켜주었다.

재앙을 부르는 검은 파도

검은 파도가 밀려오는 바닷가를 상상해보라. 바닷물에 둥둥 뜬 기름은 해안을 온통 검은색으로 칠해 놓는다. 끈적이는 기름으로 파도는 하얀 포말을 만들기에도 힘겹다. 은빛으로 반짝이던 모래는 제 빛을 잃는다. 바닷가 생명체는 검은 파도의 재앙에 속수무책이다. 온몸에 시커먼 기름을 덮어쓴 채 점점 다가오는 죽음의 그림자에서 벗어나려 몸부림치는 바닷새에게 우리는 무슨 말을 할 수 있을까?

바다는 유류, 중금속, 방사성 물질, 합성 화학물질 등 각종 오염 물질로 몸살을 앓고 있다. 그 가운데 기름은 우리 눈에 보이기 때문에 다른 어떤 오염 물질보다 관심도가 높다. 원유는 우리 생활에 없어서는 안 될 에너지원이다. 그러나 순간적인 실수로 해상으로 유출되면 해양 생태계에 치명적인 피해를 입힌다. 그뿐만 아니라 수산·양식업에 막대한 손실을 끼치며, 해양 관광을 비롯한 해양 관련 산업 전반에도 큰 타격을 준다.

_해안으로 밀려온 유출유(충청남도 태안 만리포)

    2007년 12월 7일 충청남도 태안군 만리포 인근 해상에서 선박의 충돌로 유류 유출 사고가 발생했다. 해양경찰청 자료에 따르면 사고 당시 원유운반선 허베이스피리트(Hebei Spirit)호에서 유출된 원유는 1만 2547킬로리터(kl)나 된다. 약 100만 명에 달하는 자원봉사자들이 마치 내 일처럼 걸레를 들고 기름을 닦아내던 모습이 아직도 생생하다. 이 사고로 양식장과 어장, 해수욕장이 큰 피해를 입었고, 170킬로미터에 이르는 해안이 기름으로 뒤덮여 생태계가 훼손되었다.

    기름 유출 사고가 나면 해양생물은 어떤 피해를 입을까? 사고로 유출된 기름에 따른 직접적인 피해도 있고, 사고가 나고 오랜 시간이 지난 뒤에 나타나는 장기적 피해도 있다. 직접적 피해는 기름의 물리적 특성과 화학적

_허베이스피리트호 사고(만리포 기록비)

성분 때문에 발생한다. 물리적 피해는 원유나 벙커유 등 점성이 큰 기름 때문에 질식하거나 체온이 떨어져 사망하는 경우이다. 아가미에 유출유가 달라붙으면 어류는 호흡을 못하고 질식해서 죽는다. 또 항온동물인 바닷새는 깃털에 기름이 묻으면 방수성과 보온성이 떨어져 체온 저하로 죽는다. 한 예로 1967년 유조선 토리캐넌호 사고로 바닷새가 10만 마리 이상 죽었고, 1991년 걸프전 당시 이라크 해안 석유 시설 파괴로 바닷새 수만 마리가 죽기도 했다. 해수 표면에 형성되는 기름막은 대기와 바닷물 사이에 산소 교환을 방해하기 때문에 용존산소량을 감소시켜 해양생물의 호흡에 영향을 미친다. 게다가 햇빛 투과량을 줄여 해조류나 식물플랑크톤의 광합성을 방해하기도 한다.

화학적 피해는 기름에 포함된 방향족탄화수소 등의 독성으로 사망하는 경우이다. 원유와 정제된 기름의 수용성 성분 중에는 생물에 해를 미치는 각종 유독 물질이 포함되어 있다. 향기로운 냄새가 나는 방향족탄화수소는 지방족탄화수소보다 독성이 강하다. 벤젠이나 톨루엔 등 저분자 방향족탄화수소는 물에 잘 녹으며 생물의 세포막을 파괴하고 효소나 구조단백질에 영향을 미친다. 지방족탄화수소는 마취 효과가 있다. 일반적으로 분자량이 적은 화합물은 독성이 강하지만 사고 직후 공기 중으로 빨리 휘발하므로 그나마 다행이다.

원유는 탄소원자와 수소원자로 이루어진 각종 탄화수소의 혼합물이다. 분자의 구조는 직선형과 가지형 또는 방향족탄화수소처럼 고리형 등으로 다양하다. 원유는 박테리아나 효모, 곰팡이와 같은 미생물이 분해한다. 직선형과 가지형 탄화수소는 비교적 빨리 분해되고 고리형 탄화수소는 이보다 느리게 분해되며 분자량이 큰 타르는 아주 느리게 분해된다. 기름 중 탄소 수가 적은 지방족탄화수소나 방향족탄화수소는 미생물이 수개월 안에 분해할 수 있다. 그러나 분자량이 크고 구조가 복잡한 탄화수소는 분해가 늦거나 미생물이 분해할 수 없는 것도 많다. 다환방향족탄화수소(PAH)는 발암물질로 알려져 있으며, 고리가 3개 이상인 것은 분해 속도가 느려 오랫동안 남는다. 미생물 대신 오염 물질에 대한 내성이 강한 것으로 알려진 갯지렁이 종류나 연체동물이 다환방향족탄화수소를 분해한다고 밝혀진 바 있다. 이처럼 해양 생태계는 기름에 대한 자연 정화 능력이 어느 정도 있지만, 사고로 다량의 원유가 유출될 경우는 사정이 다르다.

기름은 유출되면 해수면에 얇은 막을 만들며 퍼져나간다. 가벼운 기름일

수록 유막의 두께가 얇고 빨리 분산된다. 유출된 기름 중에 분자량이 적은 것은 휘발하고, 수용성 성분은 바닷물에 녹으며, 물에 녹지 않는 성분은 유화되어 작은 방울 형태로 된다. 유화된 기름은 마치 녹은 초콜릿처럼 보이고 아주 끈적끈적해 해안으로 밀려오면 조간대 생태계에 큰 영향을 미친다. 원유 성분 가운데 무거운 부분은 타르볼(tar balls)을 형성한다. 현미경으로 봐야 할 만큼 아주 작게 유화된 기름 방울은 박테리아가 쉽게 분해한다. 그러나 큰 타르볼은 느리게 분해되어 유류 유출 사고가 나고 오랜 시간이 지나도 영향을 미친다.

1989년 3월 24일 알래스카 프린스윌리엄(Prince Williams) 해협에서 발생한 엑슨발데즈(Exxon Valdez)호 유류 유출 사고의 예에서 보면 10년이 지난 후에도 몇몇 조간대와 조하대(조간대의 하부)에 유출유가 남아 있을 수 있다. 2010년 4월 20일 미국 루이지애나 주에서 80킬로미터쯤 떨어진 멕시코 만 해상에서 발생한 유류 유출 사고도 해양 생태계와 수산업, 관광업에 막대한 피해를 끼쳤다. 이 사고는 수심 1500미터 해저를 굴착하던 심해석유 시추선 딥워터호라이즌(Deepwater Horizon)호가 폭발해 침몰하면서 유정과 석유 시추 시설의 연결 파이프에 구멍이 생기면서 발생했다. 이 사태는 사고 발생 86일 만에 가까스로 원유 유출을 일시적으로 차단하는 데 성공하면서 일단락되었다. 사람이 직접 들어갈 수 없는 깊이라 무인잠수정을 이용해 새어나오는 기름을 막는 작업을 했는데, 이는 첨단 해양 과학기술을 보유하고 있었기에 가능한 일이었다. 천안함 사건에서 보듯이 수심이 몇십 미터에 불과하더라도 바닷속 작업은 쉽지가 않다. 이 경우에도 사고 후 100여 일이 흐른 뒤에도 유류 유출을 완전히 차단하지 못했다. 한정된 기

_엑슨발데즈호 유류 유출 사고(미국해양대기청NOAA)

름을 실은 유조선 사고와 달리 멕시코 만 사고는 유정에서 기름이 계속 흘러나와 유출량이 많았고 피해 범위도 넓었다. 멕시코 만 사고의 유출량은 1989년 알래스카 해협에서 발생한 엑슨발데즈호 사고의 20배, 허베이스피리트호 사고의 70배에 달하는 규모였다. 엎질러진 기름을 다시 주워 담기란 여간 어려운 일이 아니다. 유류 유출 사고로 인한 해양 생태계의 피해를 막는 최선의 방책은 사전예방이다.

미세조류로 신음하는 바다

　바다에서 존재감을 어김없이 과시하는 불청객은 다름 아닌 적조를 일으키는 미세조류이다. 미세조류는 우리 눈에 보이지 않는 아주 작은 식물플랑크톤으로, 해마다 정도의 차이는 있지만 대량 발생하면 수산·양식업에 피해를 주는 말썽꾸러기가 된다. 한 예로 2013년 남해안과 동해 남부 연안에서 발생한 적조로 양식어류가 폐사하는 등 약 250억 원의 피해가 발생했다.

　적조(赤潮)란 무엇인가? 적조는 영어로 레드 타이드(red tide)라고 하며 미세조류가 늘어나 말 그대로 바닷물이 붉게 변하는 현상을 말한다. 전문가들은 '해로운 조류 대발생(Harmful Algal Blooms)'이라는 영어 단어의 맨 앞 알파벳을 따서 햅(HABs)으로 부르기도 한다. 흔히 미세조류의 대발생을 모두 적조라고 부르지만, 바닷물이 꼭 붉게만 변하는 것은 아니다. 적조 생물에게 있는 색소에 따라 바닷물 색깔은 다르게 변한다. 케첩을 뿌려놓은 듯

_적조로 붉게 물든 바다(경상북도 포항)

붉게 변하면 적조, 잔디밭처럼 녹색으로 변하면 녹조, 커피를 탄 듯 갈색으로 변하면 갈조로 구분해서 부르기도 한다. 미세조류의 대발생은 바다에서뿐만 아니라 호수나 댐, 보로 막힌 강에서도 일어난다.

적조는 다양한 원인이 복합적으로 작용하여 발생한다. 식물인 미세조류는 영양염류, 즉 비료 성분이 많고 수온이 높으며 햇빛이 강한 환경을 좋아한다. 이러한 조건에서는 하루에도 그 수가 2~4배 늘어난다. 단세포 생물인 미세조류는 세포분열 자체가 번식이므로 짧은 시간에도 기하급수적으로 숫자가 늘어날 수 있다. 적조가 생기면 바닷물 한 방울 속에 미세조류가 수만 개체나 발견된다. 적조는 강으로부터 영양염류가 많이 흘러드는 장마철이 지난 뒤 햇빛이 쨍쨍 나면 주로 발생한다.

적조는 어제오늘의 이야기는 아니다. 역사는 아주 오래되었다. 『삼국사기』와 『조선왕조실록』에도 적조에 관한 기록이 있다. 예를 들어 신라시대인 639년에 동해 남부 바닷물이 붉은색으로 변하고 물고기가 죽었다는 기록이 있고, 조선시대 초기인 1398년과 1403년에 경상도와 전라도 해안 일대에 바닷물 색깔이 황색, 흑색, 적색으로 변하고 물고기가 떼로 죽었다는 기록이 있다.

이처럼 적조는 아주 오래전부터 있던 자연현상이지만 최근에 와서는 환경오염으로 규모가 커지고 지속 기간이 늘어났으며, 연안에 양식장이 밀집한 뒤로는 피해액이 천문학적으로 커져 심각한 사회문제로까지 대두되었다.

적조가 발생하면 바닷물 색깔이 바뀌고 냄새가 나며, 어패류가 죽고 바닷물 속에 녹아 있는 산소가 줄어들어 해양 생태계에 나쁜 영향을 미친다. 적조를 일으킨 미세조류가 죽으면 썩게 되는데, 이때 물속에 녹아 있는 산소가 줄어든다. 그러면 산소가 결핍되는 빈산소상태가 나타나 해양동물이 호흡 장애를 일으킨다. 또 적조 생물이 어패류의 아가미를 막아서 질식사시키기도 한다. 적조 생물이 분비하는 끈적끈적한 물질 때문에 어린 물고기는 헤엄치기가 힘들어지고, 독성 미세조류가 적조를 일으킬 때는 독성 때문에 물고기가 죽기도 한다. 독성이 있는 미세조류는 국민 건강에도 유해하다. 독이 들어 있는 식물플랑크톤을 먹은 어패류를 잘못 먹으면 여러 가지 패독 증상이 나타나 몸이 마비되기도 하고 구토와 설사가 나며 기억을 잃는 일도 발생한다. 심지어는 패독 증상으로 사망하는 사고도 심심치 않게 일어난다. 적조가 발생하면 수산물 소비가 줄고 해양 관광이 위축되어 경제적 손실이 커진다.

따라서 적조를 예방하거나 피해를 줄이기 위한 노력이 다각도로 진행되고 있다. 인공위성으로 찍은 사진을 분석하여 넓은 해역에서 실시간으로 적조를 감시하는 체계도 구축 중이다. 비록 적조가 환경에 순응한 자연현상이기는 하지만, 우리가 적조 생물이 잘 자라도록 영양염류를 많이 배출하는 데 일조했다는 사실도 무시할 수 없다. 부메랑은 던지면 되돌아온다. 하수구에 무심코 흘려버린 음식찌꺼기가 부메랑이 되어 돌아올 수도 있다.

바다의 침입자들

"굴러온 돌이 박힌 돌 뺀다"라는 우리 속담이 있다. 다른 곳에서 들어온 사람이 원래 있던 사람을 내쫓는 경우에 쓰는 말이다. 우리나라 생태계에도 이와 비슷한 일이 일어나고 있다. 황소개구리나 파랑볼우럭(블루길)처럼 외국에서 들어와 담수 생태계를 훼손하는 외래종 생물은 이미 잘 알려져 있다. 육상 생태계의 경우에도 일본을 거쳐 들어온 소나무재선충이나 솔잎혹파리가 소나무 숲에 미치는 피해가 이만저만이 아니다. 그러나 해양 생태계의 경우 외래종이 입히는 피해는 물론, 외래종의 현황도 잘 알려져 있지 않다.

바다에서 유입되는 외래종은 대부분 선박 밸러스트수(평형수)나 배의 선체에 붙어서 들어온다. 세계 물동량의 80퍼센트 이상이 선박으로 움직이고 이 과정에서 선박의 안전 운항에 필요한 밸러스트수로 사용하는 바닷물의 양은 연간 100억 톤에 이른다. 해양생물은 선박의 밸러스트수 속에

무임 승선하여 살던 곳에서 다른 곳으로 이주한다. 이렇게 옮겨 다닌 생물종이 7000~1만 종 정도일 것으로 추정한다. 이 가운데 토착 생물과의 경쟁에서 살아남은 바다의 침입자는 새로운 생태계에 적응하여 세력을 키워나간다. 이민에 성공한 외래종은 숫자가 급격하게 늘어나 기존 생태계를 훼손하고 생물다양성을 감소시킨다. 유용 수산생물을 훼손해 경제적 피해를 일으키기도 한다.

오스트레일리아의 테즈메이니아(Tasmania)에서는 일본에서 온 것으로 추정되는 아무르불가사리가 새로운 환경에 성공적으로 적응하면서 기존 생태계를 교란시키고 유용생물을 잡아먹어 사회문제가 되었다. 일본과의 무역 교류가 활발한 오스트레일리아는 밸러스트수를 통해 불가사리 유생이 유입된 것으로 판단하고 밸러스트수에 대한 사전 검사제를 강하게 요청했다. 이렇게 외국에서 유입된 외래종이 토착 생태계를 파괴하여 문제가 된 예로는 오스트레일리아 포트 필립(Port Phillip) 만의 유럽산 꽃갯지렁이,

흑해의 일본산 피뿔고둥과 북아메리카산 빗해파리 등이 있다. 흑해로 유입된 빗해파리 경우 어류의 먹이가 되는 동물플랑크톤을 대량 포식하는 바람에 어류의 먹이가 부족해져 어획량이 급감하는 결과를 초래했다. 이 밖에도 밸러스트수를 통해 유입된 유독성

_기존 생태계를 교란시키는 외래종 아무르불가사리

와편모조류를 먹은 조개를 식용한 사람이 패독 증상으로 사망하는 사고가 일어나기도 하고, 미국 플로리다에서는 밸러스트수 안에서 설사를 일으키는 콜레라균이 발견된 적도 있다. 이처럼 외부에서 유입된 생물은 생태계 훼손뿐만 아니라 공중보건에도 큰 영향을 미친다.

우리나라 바다에서도 외래종 홍합이나 따개비 종류가 등장했으나 구체적인 피해 사례는 보고된 적이 없다. 남해안에 서식하는 진주담치는 원래 남부 유럽에 살던 종으로 19세기에 일본으로 유입되었다가 한국으로 온 것으로 추측한다. 이 종은 우리나라 전 연안으로 서식지를 확대하고 있어 생태계에 미치는 영향을 확인해볼 필요가 있다. 국제해사기구(IMO)에서는 외래종의 유입에 따른 피해가 늘어나자 선박 밸러스트수를 규제하기 시작했다.

바다생물이 죽어간다

　지구상에 생명체가 처음으로 생겨난 이후 현재까지 약 38억년 동안 모두 다섯 차례의 생물 대멸종이 있었다. 지금으로부터 약 2억 2500만 년 전 고생대 페름기 말에 바다생물의 95퍼센트 이상이 멸종했고, 가장 마지막 멸종기인 6500만 년 전 중생대 백악기 말에는 공룡이 멸종했다. 이러한 대멸종은 기후나 해수면 변화, 생물 간 경쟁 등 자연적 요인 때문에 일어났다. 예를 들어 빙하기 동안 해수면이 낮아져 대륙붕이 드러나자 얕은 바다에 사는 바다생물이 서식지를 잃어 멸종했다. 그러나 여섯 번째 멸종으로 알려진 최근의 생물 멸종은 인간 때문에 일어나고 있다. 인간이 쓰고 버린 각종 오염 물질과 폐기물은 바다로 흘러들어 해양 오염을 일으킨다. 유조선 사고로 기름이 유출되고, 간척이나 매립 공사로 바다생물의 보금자리가 파괴되고, 빈번한 선박 왕래로 외래종이 유입되어 생태계를 교란한다. 또한 남획으로 수산자원이 고갈되고, 생명공학의 발달로 유전자 변형 생물이 문제를 일으키는 등 인위적인 원인으로 생물이 멸종하고 있다.

전 세계적으로 알려진 멸종위기종(멸종위기에 처한 야생생물 1급으로 개체수가 현저히 감소한 야생생물)과 위험종 약 6700종 가운데 바닷새(해양조류)를 제외하면 16종이 해양생물이고, 그 가운데 14종이 해양포유류와 해양파충류인 바다거북 종류이다. 종 숫자만 놓고 보면 육상생물에 비해 적은 것 같지만, 이는 아직 바다생물에 대한 자료가 부족하기 때문이지 바다생물이 멸종 위기에 있지 않다는 이야기는 아니다. 멸종위기종이란 서식지가 줄어들거나 서식 환경이 나빠지는 등 자연적 또는 인위적 위협 요인 때문에 개체수가 뚜렷이 줄어드는 생물을 말한다.

우리나라에서 사라지는 해양포유류에는 큰바다사자, 점박이물범, 북방물개 등이 있다. 바다사자는 예전에 독도에 많이 살았으나 지금은 찾아보기 힘들다. 환경부에서는 1998년 큰바다사자를 멸종위기종으로 지정했다. 점박이물범은 백령도에 수백 마리가 서식하고 있어 보호대상종(멸종위기 야생생물 2급으로 가까운 장래에 멸종위기에 처할 우려가 있는 야생생물)으로 지정되었다. 북방물개는 오호츠크 해나 베링 해 등에 다수가 살고 있으나 우리나라에서는 전멸한 상태이다. 또한 발견된 적이 있다고 보고된 흰띠백이물범이나 고리무늬물범 등도 우리나라에서는 이제 볼 수 없다. 환경부에서 보호대상종으로 관리하는 해양조류로는 검은머리갈매기, 고대갈매기, 뿔쇠오리, 알락꼬리마도요, 넓적부리도요, 검은머리물떼새, 흑기러기 등이 있고, 저어새, 황새, 흑고니 등은 멸종위기종으로 지정되어 있다. 이 밖에 보호대상종으로 지정된 해양무척추동물로는 여러 가지 산호 종류와 극피동물인 의염통성게, 연체동물인 대추귀고둥 등이 있으며, 나팔고둥 등이 멸종위기종으로 지

_보호대상종으로 지정된 점박이물범

정되어 있다. 이러한 종은 그나마 전문가들이 있어 멸종 징후를 발견하여 보호하고 있다. 하지만 아직 우리가 모르는 더 많은 바다생물들이 이 순간에도 멸종의 길을 가고 있다.

생태계는 다양한 생물이 오랜 세월 동안 자기의 역할을 수행하며 상호작용한다. 이에 따라 생태계를 이루는 어떤 생물도 쓸모없는 것은 없으며 하나라도 멸종하면 생태계의 균형은 깨진다. 물론 인간도 생태계의 한 구성원으로 생물의 멸종에 직·간접적인 영향을 받는다. 환경보호단체인 세계자연보호기금(WWF)의 표어 '데이 다이 유 다이(They die, You die)'는 생물의 멸종이 우리에게 미칠 영향을 아주 잘 표현하고 있다. 이 간결한 문장으로 생물이 멸종하면 인류도 멸망한다는 경종을 울린다. 바꿔 말하면 다른 생물을 살리려는 노력이 곧 우리가 사는 길이다.

바다를 푸르게, 바다 식목일

　울창한 우리나라 산은 세계 어디에 내놓아도 손색이 없다. 한국전쟁 이후 벌거숭이 민둥산이었던 산림이 1960~1970년대 녹화 사업을 통해 반세기 만에 녹색 옷을 입었다. 위성 사진을 보면 한반도 허리를 가로지르는 휴전선을 기준으로 남쪽은 녹색, 북쪽은 황토색으로 확연히 구분된다. 이런 결과가 나타나기까지는 식목일이 큰 역할을 했다. 잘 알듯이 4월 5일은 식목일이다. 예전에는 나무를 심으라는 취지에서 식목일을 공휴일로 지정했지만 지금은 공휴일이 아니라서 모르고 지나가는 경우도 많다. 바다에도 식목일이 있다. 바로 5월 10일이다. 그러나 2013년 제정된 바다 식목일을 아는 사람은 많지 않은 것 같다. 바다 식목일은 훼손된 해양 생태계를 복원하기 위해 바다에 숲을 조성하자는 뜻에서 제정된 날이다.

　바다에는 해조류나 잘피처럼 다양한 해양식물이 빽빽하게 자라 숲을 이룬다. 육지의 숲처럼 바다 숲도 해양 생태계를 부양하는 역할을 한다. 해

_해조숲

양식물이 광합성을 해서 스스로 유기물을 만들면 초식동물이 이 해양식물을 먹고 육식동물이 이 초식동물을 먹으면서 해양 생태계가 유지된다. 또한 바다 숲은 해양동물의 산란장과 성육장 역할도 한다. 이것이 바다 숲이 있는 곳에 해양동물이 많은 이유이다. 어디 그뿐이랴. 바다 숲은 해양식물의 광합성 작용으로 이산화탄소를 흡수하기 때문에 바닷물 속의 이산화탄소를 줄여주는 기능도 한다. 그러면 궁극적으로 대기 중의 이산화탄소도 줄어들어 지구온난화 방지에도 도움이 된다. 이 밖에도 영양염을 흡수하여 바닷물을 깨끗하게 정화시켜주는 역할도 한다.

최근 지구온난화와 오염으로 해양 생태계가 바뀌고 있다. 바다 숲을 이루던 녹조류, 갈조류, 홍조류와 같은 해조류가 없어지고 대신 석회조류가 번성하면서 바닷속 암반이 하얗게 변하고 있다. 속칭 갯녹음이라는 백화 현상으로, 육지로 치면 사막화가 일어나고 있는 셈이다. 게다가 여기저기 연안 개발로 바닷물이 탁해지면서 잘피 밭도 훼손되고 있다.

우리 눈에 보이지 않아서 그렇지, 지금 바닷속은 이처럼 점점 황폐해지고 있다. 무성하던 바다 숲이 사라지면서 삶의 보금자리를 잃은 물고기도 사라지고 있다. 그러니 다음 세대에게 풍요로운 바다를 물려주려면 더 늦기 전에 바다 녹화 작업을 서둘러야 한다. 이것이 바다 식목일을 제정한 취지이다. 바다에 미역과 같은 해조류를 심어 인공적으로 바다 숲을 만들면 유용 해조류를 수확하여 식용이나 산업적으로 이용할 수도 있고 수산동물을 길러낼 수도 있으니 일석이조가 아닌가.

2013년 시작된 바다 식목일의 역사는 짧다. 하지만 우리나라가 세계 최초로 시작했다는 데에 큰 의미가 있다. 바다 식목일 제정을 계기로 우리나라 바다 숲이 더욱 울창해지기를 기대한다.

바다에서 얻을 수 있는 자원은 이루 헤아릴 수 없다.

생물자원에는 식용하는 수산자원과 해양생물로부터 추출한 유용물질이 있다.

광물자원에는 망가니즈단괴, 망가니즈각, 열수광상 등이 있다.

에너지자원에는 석유, 천연가스, 가스 하이드레이트 등이 있고

신재생에너지로는 조력, 조류, 파력, 해양온도차, 해상풍력 등이 있다.

바닷물 그 자체도 소중한 자원이다.

4장

:

자원의 보물창고, 바다

생물자원과 에너지자원, 해저유물까지

바다가 인간에게 주는 혜택

우리 곁에 바다가 있다는 것은 커다란 축복이다. 바다는 지구상의 생명체가 처음 생겨난 생명 탄생의 요람이고, 각종 자원을 공급해주는 천혜의 보물창고이며, 생물이 살기에 알맞도록 기후 조절을 해주는 천연 냉온방기 역할을 한다. 그뿐만 아니라 여가 활용의 장소로 여름이면 바닷가는 피서객으로 붐비고, 최근에는 제트스키, 스쿠버다이빙, 윈드서핑, 요트타기와 같은 해양 스포츠가 인기를 누리고 있다. 또한 많은 화물을 한꺼번에 운반할 수 있는 화물선이 이동하는 길이고, 오염 물질을 정화하는 정수기와 쓰레기 처리장 역할을 하는 등 바다의 중요성은 이루 다 헤아릴 수 없다. 바다가 우리에게 주는 혜택은 이렇게 많다.

우리가 살고 있는 지구는 태양계에서 유일하게 생명력이 넘치는 살아 있는 행성이다. 바다는 생명을 잉태하는 어머니의 자궁과 같은 곳으로 지구 최초의 생명체는 바다에서 탄생해 오랜 세월을 거쳐 육지로까지 진출

했다. 바닷가에 가보면 수평선만 눈에 들어올 뿐 얼핏 생물이 살지 않는 것처럼 보인다. 그래서 우리는 육지에 더 다양한 생물이 살고 있다고 생각한다. 그러나 천만의 말씀, 바닷속으로 들어가 보면 육지보다 더 다양하고 신기한 생물이 살고 있음을 알게 된다. 바닷속에는 식물플랑크톤이나 동물플랑크톤처럼 우리 눈에 잘 보이지 않는 아주 작은 생물부터 지구상에서 가장 큰 동물인 고래까지 살고 있다. 또 육지에 사는 동식물은 거의 육지 표면을 2차원적으로 활용하지만, 바다에 사는 동물은 표층에서부터 심해 수심 약 1만 1000미터까지 아주 넓은 공간을 삶의 터전으로 삼는다.

바다에서 헤엄치다 바닷물을 들이킨 경험이 있을 것이다. 그때 바닷물만 마신 게 아니다. 놀라지 말라. 우리 배 속으로 들어간 바닷물 한 모금 속에는 식물플랑크톤이 많게는 수만에서 수십만 개까지 들어 있고 동물플랑크톤도 있다. 이처럼 바다는 다양한 생명체가 바글거리며 살고 있는 곳이다. 만약 바다가 없었더라면 지구는 46억 년이 되도록 달처럼 황량한 사막과 같은 곳이었을 것이다.

우리는 알게 모르게 바다에 의존해 살고 있다. 바다가 없으면 하루도 살기 힘들다. 우리가 숨 쉬는 산소의 일부는 바다에서 식물플랑크톤이나 대형 해조류가 만든다. 또 바다는 지구온난화의 주범인 이산화탄소를 흡수하기도 한다. 바다는 우리가 쾌적하게 살 수 있게 기후를 조절해주고 환경을 깨끗하게 해준다. 인류는 인구 증가와 산업 발달로 육상자원이 고갈되고 환경이 오염되어 생태계가 훼손되고 주거 공간이 부족해지자 바다로 눈을 돌리기 시작했다. 자연스레 인간의 활동 영역은 점차 바다로 넓혀지고 있다. 더욱이 생활 수준이 높아지면서 해양 관광과 해양 레저가 인기를 끌고 해양 헬스케어의 관심도 높아지고 있다.

바다가 무엇보다도 경제적으로 중요한 이유는 우리가 바다에서 다양한 자원을 얻을 수 있기 때문이다. 해양생물에서 의약품을 얻고 미세조류에서 바이오 연료를 추출하고, 남획과 오염으로 줄어드는 수산자원을 공급하기 위해 바다목장을 만든다. 산업에 꼭 필요한 금속을 얻기 위해 심해저 광물자원을 개발하고, 바닷물 속에 녹아 있는 유용한 물질을 추출하기 위해 노력한다. 조석 간만의 차나 빠른 조류, 파도, 해수의 온도차 그리고 해상풍력을 이용해 전기를 생산한다. 깊은 바다에서 심층수를 끌어올려 산업적으로 활용하고, 바다에 인공 섬을 만들거나 바닷속에 해저도시를 만들 계획을 세우기도 한다. 이렇게 꿈같은 일이 바다에서 지금 일어나고 있다.

우리가 바다에서 얻을 수 있는 자원은 생물자원, 광물자원, 에너지자원, 수자원, 공간자원 등 이루 다 헤아릴 수 없다. 생물자원에는 식용하는 수산자원과 해양생물에서 추출한 유용물질이 있다. 광물자원에는 망가니즈단괴, 망가니즈각, 열수광상 등이 있다. 연안에서는 골재자원으로 바다모래를 채취하기도 한다. 에너지자원에는 석유, 천연가스, 가스 하이드레이트 등이 있고, 신재생에너지로는 조력, 조류, 파력, 해양온도차, 해상풍력 등이 있다. 바닷물 그 자체도 소중한 자원이다. 해수를 우리가 이용할 수 있는 담수로 만드는 해수담수화와 깊은 바닷물을 산업적으로 활용하는 해양심층수 등이 있다. 바다는 앞으로 인류가 살아갈 공간으로 가치가 있다. 우리 후손들은 바닷속에 아파트를 짓고 잠수정을 타고 학교에 갈지도 모른다.

바다는 다양한 자원의 보물창고이며 무한한 에너지의 원천이다. 그래서 앨빈 토플러(Alvin Toffler, 1928~2016)를 비롯한 많은 미래학자들은 21세기는 해양의 시대가 될 것이며 인류의 미래가 바다에 달려 있다고 이야기한다.

1994년 11월 「유엔해양법」이 발효되면서 신국제 해양 질서가 정착되었다. 연안국은 주변 200해리 수역의 개발과 관리에 대한 주권적 권리와 배타적 관할권을 가지게 되었다. 배타적경제수역(EEZ)은 12해리 영해수역부터 200해리까지이며, 생물자원과 무생물자원의 경제적 개발과 탐사 활동에 대한 주권적 권리를 가지는 곳이다. 인공 섬이나 시설, 구조물을 설치해 사용할 수 있다는 중요성도 있다. 이 때문에 해양경계 획정을 놓고 이웃 국가들과 해양 분쟁이 곳곳에서 일어나기도 한다. 모두 해양자원을 조금이라도 더 확보하기 위한 싸움이다.

바다는 우리의 식량 창고

조개무덤이라고도 하는 패총(貝塚)을 알고 있을 것이다. 패총은 선사시대 인류가 조개를 잡아먹고 버린 껍데기가 무덤처럼 쌓여 있는 유적이다. 바닷가에 살던 인류는 오래전부터 조개를 잡아 식량으로 활용해왔는데 이처럼 해양생물은 예전에는 물론 지금까지도 인류의 중요한 수산자원으로 쓰이고 있다. 수산자원이란 물에 사는 생물 가운데 산업적으로 이용하기 위해 수집 또는 포획하는 유용한 생물을 말한다.

인간이 식량으로 이용하는 수산자원은 재생산이 가능하기 때문에 관리만 잘하면 지속적으로 얻을 수 있다. 다시 말해 바다는 우리가 하기에 따라 생물자원을 끊임없이 공급해주는 화수분 같은 곳이다. 그러나 어획 기술의 발달과 수요 증가에 따른 남획으로 무한할 것 같았던 해양 수산자원이 점차 고갈되고 있다. 한 예로 21세기 들어 북태평양의 어업 자원이 이미 80퍼센트 고갈되었다는 조사 보고서도 있다. 이 때문에 자원량을 평가하

_ 고남패총 박물관(충청남도 태안)

여 어획량을 규제하는 방식으로 수산자원을 과학적으로 관리하고, 부족한
수산자원의 공급을 원활하게 하기 위해 양식업이 발달하기 시작했다. 최근
에는 양식으로 길러내는 수산자원의 양이 어업으로 잡는 수산자원의 양과
거의 비슷한 수준까지 되었다. 예를 들어 국제식량농업기구(FAO)에 따르면
2010년 수산물 생산량은 해조류를 포함하여 1억 6800만 톤에 이른다. 이
가운데 어업 어획량은 약 8950만 톤이고, 양식 생산량은 7850만 톤이다.

　해양 수산자원은 대부분 어류이며, 이 밖에도 게, 새우, 바다가재와 같은
갑각류와 오징어, 문어, 조개와 같은 연체동물, 미역, 김, 다시마와 같은 해
조류 등이 있다. 어류 중에는 청어과 물고기의 어획량이 많으며, 단일 종
으로는 페루 해안에서 잡히는 멸치 종류가 가장 많다. 그렇지만 어획량은

_부산 자갈치 시장 풍경

1970년대 초 연간 1000만 톤이 넘던 것이 1990년대 이후 300~800만 톤으로 줄어들었고, 2010년에는 420만 톤을 기록했다.

수산자원이 줄어드는 것은 우리 일상생활에서도 느낄 수 있다. 해양 환경 오염과 남획으로 숫자가 줄어드는 명태가 그 예이다. 명태는 말리면 북어, 얼었다 녹였다 하면서 말리면 황태, 얼리면 동태, 생물은 생태, 새끼는 노가리라고 부른다. 명태를 이렇게 다양한 이름으로 부른다는 것은 그만큼 활용 가치가 큰 물고기라는 반증이다. 알은 명란젓, 창자는 창난젓, 아가미는 아가미젓갈로 만들고, 시원한 생태찌개에는 내장이 듬뿍 들어가기도 한다. 명태는 우리나라 동해에서 아주 흔하게 잡히던 물고기였지만 지금은 거의 잡히지 않아 귀하신 몸이 되었다. 지구온난화로 수온이 올라가면서 찬물을 좋아하는 명태가 줄어들었으며, 노가리가 명태 새끼인 줄 모르고 잡던 시절도 있어 명태 자원량이 급격히 감소했다. 지금은 자원보호를 위해 명태에 현상금을 걸고 친어(어미 명태)를 확보해야만 하는 상황에 이르렀다. 다행히 2016년 국립수산과학원에서 세계 최초로 명태 완전양식 기술 개발에 성공하여 명태의 자원 회복과 관리가 가능해졌다는 보도가 있다.

조기 역시 줄어드는 어종이다. 조기는 기운을 북돋아준다 하여 붙인 이름으로, 예전에는 차례나 제사상에 으레 조기가 올라가곤 했다. 그러나 지금은 배 부분이 황금빛으로 반짝이는 참조기는 구경조차 하기 어렵고, 크기도 작을 뿐만 아니라 맛도 떨어지는 부세가 역할을 대신하고 있다. 오죽하면 배에다 일부러 황금색 칠을 해서 참조기처럼 속여 파는 일까지 있을까?

수산물 공급이 수요를 따라가지 못하자 수산업은 잡는 어업에서 기르는 양식업으로 점차 바뀌고 있다. 가두리를 설치하고 그곳에 많은 어류를 가두어 기르게 된 것이다. 그러나 좁은 공간에 물고기를 많이 기르다 보니 질병이 생기고 항생제 같은 약품을 사용하지 않을 수 없게 되었고 그 때문에 사람들은 양식산보다 자연산을 선호하게 되었다. 양식업도 요즘은 연안보다는 수질이 나은 외해에 가두리를 설치해 기르는 방법이 개발되었다.

바다목장을 만들어 자연 상태에서 물고기를 기르는 방법도 있다. 일본에서는 1960년대부터 바다목장을 만들기 시작하여 수중 스피커를 통해 음향으로 어린 물고기를 길들여 먹이를 주는 기술까지 개발했다. 생물 시간에 배우는 러시아 생리학자 이반 파블로프(Ivan Petrovich Pavlov, 1849~1936)의 실험이 연상되는 대목이다. 개에게 먹이를 줄 때마다 종을 치면 나중에 먹이 없이 종만 쳐도 침을 흘리는 조건반사 실험 말이다. 바다

_통영 해역의 바다목장화 조감도(한국해양과학기술원)

목장은 소를 방목하듯이 물고기가 자유롭게 돌아다니도록 기르다가 먹이를 줄 때가 되면 수중 음향을 이용해 불러 모은다. 이렇게 하면 좁은 공간에 물고기를 가두고 기를 때 생기는 질병을 걱정하지 않아도 된다.

우리나라에서 양식업은 1960년대에 시작되었다. 1970년대 들어서면서부터는 어린 물고기를 키워 바다에 방류하거나 인공 어초를 만들어 바다에 투입했다. 인공 어초는 물고기 아파트로 물고기가 숨어 살 수 있는 공간을 인공적으로 만든 것이다. 1994년부터 1997년까지 바다목장을 만들기 위한 연구를 진행했고, 이후 우리나라 특성에 맞는 바다목장을 개발하여 시범적으로 운영했다. 구체적으로 살펴보면 2001년 전라남도 여수에 다도해 바다목장을 추진했으며 2004년부터 동해, 서해, 제주에 시범 바다목장을 만들었다. 제주와 동해는 바닷물이 깨끗해서 수중체험형, 관광형 바다목장을 만들었으며, 서해는 갯벌형 바다목장으로 각각 바다의 특성을 살려 만들었다.

이제 수산업은 1차 산업의 틀에서 벗어나 수산물 가공, 제조업 등의 2차 산업과 해양 관광 및 여가 활동을 포함하는 3차 산업으로 융합·발전하고 있다.

바다는 약국이자 병원

바다는 우리의 병을 치료해주는 약국이자 병원 역할을 한다. 옛날 우리 조상들은 병을 고치기 위해 한약재를 약탕기에 달여 먹었다. 이 한약재는 다름 아닌 자연에서 얻을 수 있는 동식물로, 식물의 뿌리인 인삼, 곰의 쓸개인 웅담, 사슴의 뿔인 녹용 등이 그 예이다. 거의 대부분은 육지에서 얻을 수 있는 동식물인데 실은 바다에 사는 생물 가운데 약효가 뛰어난 것이 더 많다. 약이란 무엇인가? 생물이 천적을 물리치기 위해 몸에 지니고 있는 독성 물질이 바로 약이다. 독도 잘 쓰면 약이 된다는 말이 있는데 바로 이를 두고 하는 말이다.

육상생물은 천적을 피해 숨거나 도망가기가 쉽다. 땅속에 파놓은 굴로 들어가거나 덤불 속으로 숨어버리면 그만이다. 그러나 바다생물은 천적을 피해 숨거나 도망치기가 쉽지 않다. 사방팔방이 온통 물이니 마땅히 숨을 곳이 없는 경우가 대부분이다. 이럴 경우 헤엄이라도 빨리 칠 수 있으면 삼

십육계 줄행랑이라도 놓을 텐데 실상은 그렇지 못하다. 포식자가 훨씬 빠르기 때문이다. 해양생물은 대부분 포식자를 피하기에 너무 굼뜬 부류가 많고, 바닥에 천천히 기어 다니거나 아예 바위 같은 곳에 붙어사는 동식물도 많다. 이 때문에 해양생물은 몸속의 독으로 천적을 물리치는 경우가 많다. 포식자가 독이 있는 먹이를 먹고 엄청 고생한다면 다음부터는 먹으려 하지 않을 테니 이보다 더 좋은 방어술이 어디 있으랴. 이러한 해양생물의 행위를 '화학적 방어'라고 한다.

옛날에는 물속 깊이 들어갈 방법이 없어서 바다생물을 잡기가 쉽지 않았기 때문에 당연히 이들에게 있는 독의 효능을 이용할 기회가 없었다. 그러나 지금은 해양 과학기술의 발달로 아무리 깊은 곳에 사는 생물도 채집이 가능하다. 또한 해양 생명공학 기술이 발전하면서 이들에게서 약효가 있는 성분을 찾아내 활용하는 것도 식은 죽 먹기가 되었다.

20세기 후반에 들어서면서 해양생물을 단지 식량자원으로 이용하는 차원을 넘어 이들로부터 고부가가치 물질을 추출해 사용하는 시도가 활발하게 진행 중이다. 생물은 대사 활동을 하면서 다양한 유기물질을 만들어내는데 이 유기물은 의약품을 만들 수 있는 새로운 산업 소재로 활용된다. 이러한 연구활동 분야를 천연물화학이라고 한다. 천연물 연구는 전통적으로 육상식물과 박테리아, 곰팡이 같은 미생물이 중요한 대상이었으나 현재는 점차 해양생물로 옮겨가고 있다.

몇 가지 예를 들어보자. 아열대 바다에 사는 청자고둥이라는 생물이 있다. 소라처럼 껍데기가 있는 연체동물인데 이런 종류를 복족류라고 한다. 배가 발 역할을 해서 배 '복(腹)' 자에 발 '족(足)' 자를 써서 복족류라고 한다. 껍데기는 장식용으로 쓰일 정도로 예쁘게 생겼지만 몸속에 맹독이 있어 조심해야 할 고둥이다. 과학자들은 이 청자고둥에서 '오메가 코노톡신(omega-conotoxin)'이라는 물질을 분리했다. 이 물질은 필수아미노산이 중합(重合)된 펩타이드계 화합물로 우리가 진통제로 쓰는 모르핀보다 수천 배나 강한 진통 작용을 보인다. 최근에는 이 물질을 활용해 '프리알트(Prialt)'라는 강력한 진통제를 만들기도 했다.

또 다른 예를 들어보자. 카리브 해에 사는 멍게에서 분리한 '엑틴아시딘(ecteinascidin)'이라는 물질은 난치성 자궁암을 치료하는 항암제로 개발되어 '욘델리스(Yondelis)'라는 이름으로 상용화되었다. 또한 카리브 해에 사는 산호에서 추출한 '슈돕테로신(pseudopterosin)'이라는 물질은 소염제로도 개발되었다.

해양생물에서 얻은 물질은 주로 약품으로 개발하지만 그 외에 다른 용도로 사용하기도 한다. 바다에 사는 생물 가운데 반딧불이처럼 빛을 내는 생물이 많다. 물고기는 물론 오징어·해파리·야광충과 같은 원생동물, 세균, 미세조류 등 이루 헤아릴 수 없을 정도로 종류가 많다. 과학자들은 발광 반응을 일으키는 발광 효소를 특정 물질의 미량 분석에 활용한다. 발광(發光)은 미친다는 게 아니라 빛을 낸다는 말이다. 생물이 빛을 낼 수 있는 것은 루시페린(luciferin)이라는 물질이 루시페라아제(luciferase)라는 효소와 반응하기 때문이다. 여름날 밤바다에 가면 배가 지나가거나 파도가 칠 때 바닷물에서 빛이 나는 것을 볼 수 있다. 바로 야광충이 물리적 충격을 받으면서 앞서 이야기한 루시페린과 루시페라아제의 반응으로 빛을 내는 것이다.

해파리의 발광 유전자는 1980년대에 이미 복제에 성공해 이 유전자를 이

식한 생물이 탄생하기도 했다. 빛을 내는 누에도 그 예이다. 2008년 노벨 화학상도 해파리의 형광 단백질을 연구한 과학자에게 돌아갔다. 이런 발광 유전자를 활용하면 환부를 정확하게 파악할 수 있어 수술에 활용할 수도 있다.

우리가 즐겨먹는 홍합도 의학적으로 이용한다. 바닷가에 가면 바위 표면에 빼곡하게 붙어 있는 홍합을 쉽게 볼 수 있다. 보통 물에 젖은 물체를 접착제로 붙이는 것이 쉽지 않지만 홍합은 젖은 표면에도 잘 달라붙는다. 액체 단백질 성분의 풀은 분비하자마자 금세 굳어져 물이 묻은 표면에도 잘 붙을 수 있기 때문이다. 이 접착 단백질에는 도파(DOPA)라는 물질이 많이 들어 있는데, 과학자들은 이러한 홍합의 접착 물질로 수술용 접착제를 만들었다. 수술 부위를 실로 꿰매면 수술 자국이 남지만 생체 접착제를 이용하면 자국이 남지 않는다. 이제 왜 바다를 병을 치료해주는 병원이자 약국이라고 하는지 알 것이다.

_ 홍합 접착제(국립해양박물관)

해조류가 자동차를 움직인다

만약 석유가 없다면 어떤 일이 일어날까? 먼저 자동차, 비행기, 배 등 교통수단이 꼼짝달싹 못하게 될 것이다. 그뿐만 아니다. 난방을 하지 못해 추운 겨울을 보내야 하고, 흔히 사용하는 플라스틱도 다른 소재로 바꿔야 하며, 나일론이나 폴리에스테르 섬유로 옷을 만들 수도 없다. 아스팔트 길도 만들 수 없고 공장도 가동을 멈추게 된다.

산업이 발달하면서 석유와 같은 화석연료의 사용량이 점점 늘어났다. 이에 따라 지구온난화를 비롯한 환경문제가 발생했으며 기후 변화가 일어나고 해수면이 높아져 바닷물에 잠기는 나라도 생겼다. 현재의 산업 구조는 석유나 천연가스를 비롯한 화석연료에 상당 부분 의존하고 있다. 그런데 육상에 부존되어 있는 화석연료가 점점 고갈되면서 사람들은 바다에서 석유를 찾고 있다. 해저유전에서 생산되는 원유의 비중이 점점 커지는 것이다. 화석연료는 매장량이 한정되어 있기 때문에 쓰면 고갈되게 마련이다. 그래서 대안으로 신재생에너지를 개발하고 있으며 그 가운데 주목받는 에너지가 바로 해양 바이오 연료이다.

우리가 사용하는 석유는 생물의 사체가 고압, 고온 상태에서 오랜 시간 변성된 것이다. 지금 개발된 유전의 대부분은 길게는 1억 5000만 년 전, 가깝게는 2000만 년 전에 만들어진 것으로 알려져 있다. 해양 바이오 연료도 생물체로부터 연료를 얻는다는 점에서 화석연료와 다를 바가 없다. 그러나 연료를 얻는 데 오랜 시간이 걸리지 않다는 점과 번식하는 생물체에서 얻기 때문에 자원이 고갈될 염려가 없다는 큰 장점이 있다.

그동안 주로 야자, 콩, 유채, 옥수수, 사탕수수처럼 육상식물에서 바이오 연료를 얻었으나 지금은 미세조류를 이용하는 연구가 활발히 진행 중이다. 미세조류는 크기가 작아 빨리 번식하며, 단위 경작지 면적당 기름을 훨씬 많이 생산할 수 있으며, 대량생산에 필요한 원가가 낮다는 장점이 있기 때문이다.

한 가지 예를 들어보자. 2009년 과학 학술잡지 〈사이언스〉에 발표한 연구 결과를 보면, 미국에서 농지 6700만 에이커(약 27만 1000제곱킬로미터로 한

_바이오디젤 시험 생산 시설(한국해양과학기술원)

반도 면적의 약 1.2배)에서 생산한 콩으로 바이오디젤을 생산하는 경우 미국 내 바이오디젤 소비량의 60퍼센트를 공급할 수 있다. 그러나 동일 면적에서 미세조류를 배양하여 바이오디젤을 생산한다면 소비량의 100퍼센트를 공급할 수 있다.

기업에서 미세조류를 이용하여 바이오 연료를 생산하기 위해 많은 투자를 하는 이유는 여러 가지가 있다. 먼저 특정 미세조류가 만드는 기름은 현재 우리가 사용하는 석유와 분자 구조가 비슷하므로 가솔린이나 디젤을 대체할 수 있다. 그리고 생산물이 석유와 비슷하기 때문에 바이오 연료를 운반할 새로운 시설을 만들 필요가 없다는 점도 큰 매력이다. 현재 구축된 운반 시설만으로도 유통이 가능하기 때문이다. 또한 미세조류를 이용한 바이오 연료는 대량 생산이 가능하다는 점도 큰 매력 중 하나이다. 현재 미세조류 5~6종이 상업적으로 대량 생산이 가능한 것으로 알려져 있다. 이들은 육상식물에 비해 최대 8배까지 성장 속도가 빠르다. 단세포생물인 미세조류는 환경 조건이 맞으면 하루 사이에도 2~4배 정도 그 수가 늘어날 수 있다. 미세조류는 대기 중의 이산화탄소를 흡수하여 광합성을 통해 에너지원을 만들기 때문에 바이오 연료의 생산이 친환경적이라는 장점이 있다. 경제적 매력은 세계적으로 식량 부족 문제를 악화시키지 않는다는 점이다. 옥수수, 콩, 사탕수수처럼 우리가 식용하는 작물에서 바이오 연료를 얻을 경우, 이 작물들에 대한 수요가 늘어나 가격이 올라가므로 식량 부족 문제를 더욱 악화시킬 수 있기 때문이다.

그렇다면 미세조류 수십만 종 가운데 상업 생산에 이용할 수 있는 것은 어떤 종류일까? 이름을 한번 들어보자. 스피룰리나(Spirulina), 클로

렐라(Chlorella)처럼 낯익은 것도 있다. 좀 더 생소한 것으로 두나리엘라(Dunaliella), 아파니조메논(Aphanizomenon), 헤마토코커스(Haematococcus) 등도 있다. 하지만 아직 초기 단계이므로 미세조류를 이용하여 바이오 연료를 생산하려면 경제성이 있는지, 수요에 맞춰 대량 공급이 가능한지 등을 꼼꼼하게 따져 보아야 한다. 또한 더 효율적인 생산 공정에 대한 연구도 필요하다.

미세조류에서 바이오 연료를 얻는 것은 일석이조의 효과를 얻을 수 있다. 미세조류는 앞서 이야기한 대로 광합성을 하므로 이산화탄소를 흡수하여 지구온난화의 주범인 대기나 물속 이산화탄소를 감소시키는 역할을 한다. 또한 오염을 일으킬 수 있는 영양염류를 흡수하기 때문에 물을 깨끗하게 정화시켜주는 역할도 한다. 바이오 연료를 얻기 위해 미세조류를 기르면 대기오염이나 수질오염을 줄일 수 있는 효과가 있는 셈이다.

적용할 수 있는 예를 하나 들어보자. 시화호 방조제 공사로 시화호 수질이 많이 나빠졌다. 이에 시화호조력발전소를 만들어 해수를 유통시켜 수질 악화를 막고 있다. 만약 시화호에 바이오 연료를 만들기 위한 미세조류 대량 배양시설을 설치한다면 시화호 수질이 훨씬 더 깨끗해질 것이다. 이처럼 미세조류에서 연료도 얻고 환경 오염도 줄일 수 있으니 누이 좋고 매부 좋은 경우이다.

세계 에너지 기업들은 2030년까지 미세조류 바이오 연료가 전체 에너지 수요의 2.5퍼센트를 차지할 것으로 전망한다. 우리나라도 신재생에너지 사용 비율을 2012년 2퍼센트에서 2020년 10퍼센트까지 늘릴 계획이다. 우리 눈에 보이지도 않는 아주 작은 미세조류가 자동차를 움직이는 시대가 오고 있다.

바다는 노다지 광산

'노다지를 캔다'라는 말을 심심치 않게 들을 수 있다. 도대체 노다지가 무엇일까? 오래전에 언론인이자 소설가 선우휘가 쓴 소설 『노다지』를 읽은 적이 있는데 거기에 노다지라는 말이 어떻게 만들어졌는지에 관한 설명이 있다. 구한말 나라 힘이 약해지자 외국 사람들이 몰려와 우리나라 광산을 운영했다. 그 가운데 평안북도 운산에서는 금이 많이 나왔는데 가난한 광부들이 캐낸 금덩이를 몰래 가져가는 일이 종종 있었던 모양이다. 그러자 금광을 운영하던 외국 사람들이 금덩이에 손을 대지 말라는 뜻으로 "노터치(No touch)"를 외쳤다고 한다. 하지만 우리나라 사람들은 금의 이름이 '노다지'인 것으로 오해를 했고, 그 후로 재물이나 이익이 한꺼번에 쏟아지는 것을 '노다지'라고 부르게 되었다는 이야기이다.

노다지를 캘 수 있는 곳이 바닷속에도 있다. 육상에 있는 광물자원이 점차 고갈되자 사람들은 바다로 눈을 돌리기 시작했다. 특히 우리나라는 육상 광물자원이 절대적으로 부족하여 광물자원의 거의 전량을 해외에서 수입한다. 이 때문에 해양 광물자원에 대한 관심이 높다. 심해저에서 얻을 수 있는 광물자원에는 어떤 것이 있을까? 수심 3000~5000미터 심해저에는 망가니즈단괴와 망가니즈각이 많다. 또 해저화산 활동이 활발한 곳에는 해저열수광상이 있다.

지금부터 망가니즈단괴, 망가니즈각, 해저열수광상에 대해 알아보자. 망가니즈단괴는 바닷물에 녹아 있는 금속 성분이 침전하여 감자 덩어리 형태로 된 검은색 광물 덩어리이다. 망가니즈단괴에는 망가니즈, 니켈, 구리, 코발트와 같은 산업적 가치가 높은 금속이 포함되어 있다. 망가니즈단괴에 들어 있는 니켈은 화학 플랜트와 정유 시설에, 코발트는 항공기 엔진과 의료기기 산업에, 구리는 통신과 전력 산업에, 망가니즈는 철강 산업에 필

_망가니즈단괴

수적인 소재이다. 그래서 망가니즈단괴를 심해의 검은 노다지 또는 검은 황금이라고 부른다. 망가니즈단괴는 퇴적물 유입이 적은 지역에서 만들어지기 때문에, 대륙붕이나 대륙사면과 같이 퇴적률이 높은 곳보다는 천 년에 수 밀리미터의 퇴적률을 보이는 심해분지에 많이 존재한다. 망가니즈단괴는 퇴적물, 고래 뼈, 상어 이빨 등의 표면에 마치 나무 나이테처럼 동심원을 이루면서 아주 느리게 만들어지는데, 방사능 연대 측정 결과를 보면 100만 년에 평균 6밀리미터 정도 자란다고 한다. 따라서 망가니즈단괴가 어른 주먹 크기만큼 되려면 천만 년 이상의 시간이 필요하다는 계산이 나온다.

다음으로 망가니즈각에 대해 알아보자. 망가니즈각은 해저산 암반 위를 수 밀리미터에서 최고 25센티미터 정도 덮고 있는 광물자원이다. 망가니즈각은 오랫동안 퇴적물이 쌓이지 않는 해저산과 해저산맥의 정상과 사면에 주로 형성되는데 태평양에만 해저산이 약 5만 개 있으니 그 규모를 짐작할 수 있을 터이다. 해저산을 아스팔트처럼 덮고 있는 망가니즈각은 수심 800~2500미터에서 주로 발견된다. 망가니즈각에는 해수에 녹아 있는 망가니즈, 코발트, 니켈, 구리, 백금 등 금속이 30여 종 들어 있다. 코발트는 0.8~1.2퍼센트 정도 들어 있어 육상 광산에서 생산하는 코발트 함량에 비해 5~10배나 많다. 코발트 이외에도 망가니즈, 니켈, 티타늄, 지르코늄이 들어 있고, 백금도 20피피비(ppb, 1피피엠의 1000분의 1 단위) 이상 들어 있어 개발 가치가 높다. 또한 망가니즈각은 망가니즈단괴보다 상대적으로 얕은 곳에 있기 때문에 개발이 쉽다는 장점이 있다. 그러나 암반 위를 덮고 있어 해저암반을 굴착해서 채광해야 하는 어려움도 있다.

마지막으로 해저열수광상에 대해 알아보도록 하자. 해저열수광상은 어떻게 만들어질까? 해저지각의 틈으로 스며든 바닷물은 마그마가 뜨겁게 데우는데 이 뜨거운 물을 열수라고 한다. 주변 암석에 들어 있던 금속은 뜨거운 물에 녹아들고, 뜨거워져 압력이 높아진 열수는 지각의 약한 틈을 뚫고 다시 솟아나온다. 깊은 바닷속의 온천이라고 생각하면 된다. 온도가 섭씨 350~400도나 되는 열수가 솟아나오는 곳을 열수분출공이라고 한다. 열수분출공은 마치 굴뚝처럼 생겼는데 이 굴뚝은 열수가 아주 차가운 주변 바닷물과 만나 식으면서 그 안에 녹아 있던 금, 은, 구리, 아연, 납과 같은 금속들이 침전되어 만들어진다. 이런 과정을 거치면서 굴뚝은 값진 금속들이 들어 있는 노다지로 변신한다. 이런 굴뚝이 모여 있는 곳을 해저열수광상이라고 부른다. 값진 금속이 들어 있기는 하지만 깊은 바닷속에서 열수광상을 찾는 것은 쉬운 일이 아니다. 마치 백사장에서 잃어버린 동전 찾기보다 더 어려운 일로 노련한 전문가와 첨단 장비가 없으면 꿈도 꾸지 못할 일이다.

최근 금, 은, 구리, 아연과 같은 금속 원자재 값이 하늘 높은 줄 모르고 치솟고 있다. 고도성장 중인 중국이나 인도 같은 신흥공업국이 세계의 원자재를 빨아들이는 블랙홀 역할을 하고 있기 때문이다. 따라서 바닷속 노다지를 놓고 세계 여러 나라가 서로 먼저 개발하려고 경쟁하고 있다. 그러나 개발에 앞서 한 가지 잊어서는 안 되는 일은 개발에 따른 환경 파괴에 대해서도 신중하게 생각해야 한다는 점이다.

바다에서 얻는 화석연료

돌에서 나온 기름 석유, 불타는 기체 천연가스, 불타는 얼음 메테인수화물, 이것들은 우리가 연료로 쓰고 있거나 앞으로 연료로 쓰기 위해 개발하고 있는 것들이다. 이러한 연료는 어떻게 만들어질까? 천연가스는 유전이나 탄광에서 나오는 가연성 기체이다. 원유가 기화하여 생기기도 하고, 생물 사체가 분해되어 만들어지기도 한다. 석유는 동식물의 사체가 지하 깊은 곳에 묻혀 수천만 년에서 수억 년이라는 오랜 기간 동안 높은 열과 압력을 받아 복잡한 화학 변화를 거치면서 만들어진다. 메테인수화물은 극지방의 영구동토나 심해저처럼 낮은 온도와 높은 압력 환경에서 생물 사체가 분해되면서 발생한 메테인가스가 물과 결합해서 만들어진다. 형태는 드라이아이스와 비슷하며 불에 타기 때문에 '불타는 얼음'으로 부르기도 한다.

석유는 19세기 후반부터 인류 문명사에서 중요한 에너지원으로 쓰이고 있다. 과거부터 지금까지 에너지가 세계를 어떻게 바꾸었는지를 알려주는 역작 『2030 에너지전쟁The Quest』의 저자 대니얼 예긴(Daniel Yergin, 1947~)은 이 책에서 "2030년 세계 에너지 소비량이 지금보다 35~40퍼센트 늘어나겠지만 에너지원의 구성은 오늘날과 크게 다르지 않을 것이다. 석유가 석탄을 제치고 가장 중요한 에너지원이 되는 데도 한 세기가 걸렸다. 이 때문에 당분간 석유 없는 세상을 상상하기란 어렵다"고 예견했다.

지금은 셰일 가스 개발로 석유 값이 주춤하거나 내려갔지만, 석유 소비가 계속 늘어 고유가가 지속되면 투자비가 더 들더라도 연안을 떠나 심해나 북극해 등에 새로운 해저유전을 개발할 것이다. 여태까지 개발된 대부분의 해저유전은 수심 200미터 이내의 대륙붕에 있었다. 그러나 최근에는 수심 3000미터의 심해저에서도 유전이 개발되고 있다.

우리나라도 해저유전을 개발하고 있다. 국내 대륙붕을 7개 해저광구로 나누고 1983년부터 본격적인 석유 탐사 활동을 시작했다. 1998년에는 동해 울산 앞바다에 있는 6-1광구에서 가스층을 발견했다. 2001년 8월부터 가스 생산 시설을 착공하여 2003년 11월 생산 시설을 완료했고, 이후 2004월 7월부터 시험 생산을 하여 같은 해 9월부터 상업 생산을 시작했다. '동해-1' 가스전이라고 이름 붙인 이 유전은 엘엔지(LNG)라고도 하는 액화천연가스를 기준으로 가채 매장량이 500만 톤 규모에 이른다. 하루 평균 생산량은 천연가스 5000만 세제곱미터, 초경질 원유 1000배럴(1배럴은 약 160리터)이다. 이는 천연가스의 경우 34만 가구가 하루에 쓸 수 있는 양이고, 원유는 자동차 2만 대가 하루 동안 움직일 수 있는 양이다.

석유는 우리 생활에 꼭 필요하지만 야누스의 얼굴을 하고 있어 자칫 큰 재난을 불러일으키기도 한다. 2007년 태안 앞바다에서 발생한 유조선 허베이스피리트호 기름 유출 사고나 2010년 멕시코 만 심해석유시추선 딥 워터호라이즌호 폭발 사고가 그러한 예이다. 멕시코 만 사고의 경우 유정에서 기름이 계속 흘러나와서 유출량도 많고 피해 범위도 넓었다.

메테인하이드레이트라고도 하는 메테인수화물은 21세기의 신에너지 자원으로 석유나 천연가스 같은 화석에너지 자원의 고갈에 대비해서 미래 자원으로 개발하고 있다. 메테인하이드레이트는 연소할 때 천연가스, 석유, 석탄보다 적은 양의 이산화탄소가 발생해 대기오염을 감소시키는 효과가 있다. 우리나라 주변 해역에서 메테인하이드레이트의 존재가 처음 확인된 것은 1992년이었다. 우리나라 동해의 울릉분지 해역은 저층수의 온도가 섭씨 0~1도 정도로 낮고 수심이 깊으며 퇴적물에 유기탄소 함량이 높아 메테인수화물 부존이 가능한 곳이다. 2000년부터 5년 동안 동해 전 해역을 대상으로 메테인수화물을 탐사하여 약 6억 톤의 부존 가능성을 파악했다. 이는 우리나라가 최소 30년간 사용할 수 있는 양이며 상용화했을 경우 1500억 달러 이상의 수입 대체 효과가 있을 것으로 추정된다.

그러나 미래 에너지자원으로 메테인수화물을 개발하기 위해서는 해결해야 할 환경문제가 있다. 메테인을 시추하는 과정에서 연소하지 않고 그대로 대기 중으로 방출될 경우 이산화탄소보다 오히려 10배 이상이나 심각한 온실효과를 일으킬 수 있다. 메테인수화물에 포함된 메테인가스의 양은 지구 대기권에 있는 메테인 양의 약 300배에 이르는 것으로 알려져 있다. 이렇게 많은 메테인이 대기 중으로 방출된다면 지구온난화가 심각해질 수도 있다.

메테인수화물을 대량으로 생산할 경우 해저 지반 침하나 붕괴가 일어나

_불타는 얼음, 메테인하이드레이트

_동해에서 채취한 메테인하이드레이트

지진해일(쓰나미)이 발생할 수도 있다. 이러한 재앙을 막기 위해 메테인수화물을 시추한 곳에 대기 중의 이산화탄소를 대신 저장하는 기술을 개발하고 있다. 흔히 시시에스(CCS, Carbon Capture & Storage)라고 부르는 이산화탄소 포집과 저장 기술이 개발되고 메테인수화물을 연료로 사용하게 되면 꿩 먹고 알 먹는 일 아닐까.

심해의 검은 황금, 망가니즈단괴

영국의 해양탐사선 챌린저(Challenger)호는 1872년 12월부터 1879년 5월까지 세계 일주를 하면서 심해를 탐사했다. 길이 68.8미터, 무게 2300톤의 챌린저호에 승선한 과학자 6명은 12만 7000킬로미터를 항해하면서 수심과 수온, 해류를 측정하고, 수층과 바닥에 사는 생물을 채집했으며, 바닷물과 퇴적물을 채취했다. 챌린저 탐사로 과학자들은 해양생물 4700종을 새로 찾아냈으며, 수심이 8180미터에 달하는 챌린저 해연을 발견했다. 항해 중에 얻은 자료는 무려 23년에 걸쳐 분석되었고, 총 2만 9500쪽에 이르는 보고서 50권이 1895년에 마침내 완성되었다. 챌린저호는 1874년에 탐사하던 중에 심해 바닥에서 망가니즈단괴를 발견하는 성과도 올렸다. 앞에서도 소개했지만 여기서는 이 망가니즈단괴에 대해 좀 더 자세히 알아보겠다.

수심 4000~6000미터의 심해저에서 주로 발견되는 망가니즈단괴는 우

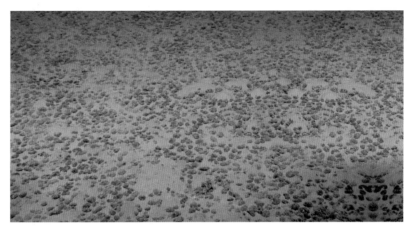

_태평양 심해저 평원의 망가니즈단괴

리에게 필요한 여러 가지 금속을 포함하고 있다. 따라서 많은 나라들이 개발을 서두르고 있는 심해저 광물자원이다. 망가니즈단괴의 중심에는 돌 부스러기, 상어 이빨, 고래 뼈, 방산충이나 유공충 껍질 등이 핵을 이루고, 그 둘레를 망가니즈와 철의 산화물을 주성분으로 하는 광물이 둘러싸고 있다. 그래서 망가니즈단괴를 잘라보면 마치 나무처럼 나이테 구조가 있다. 나이테는 망가니즈단괴가 자란다는 것을 보여준다. 겨울에 눈사람 만드는 것을 상상해보자. 눈덩이를 조그맣게 뭉쳐 눈밭 위로 이리저리 굴리면, 눈이 점점 달라붙어 작았던 눈덩이는 어느새 커진다. 망가니즈단괴는 계속 자라기 때문에 크기가 다양하다. 지름이 1밀리미터 이하의 깨알만 한 것부터 25센티미터 정도의 수박만 한 것까지 있으며 5~10센티미터 정도인 감자만 한 크기가 가장 흔하다.

망가니즈단괴가 만들어지는 방법에는 수성기원, 속성기원, 열수기원, 생물기원 등이 있으며, 이 방법들이 복합적으로 작용해 만들어지기도 한다. 바닷물에 녹아 있던 금속 성분이 침전하여 만들어지는 것을 수성기원 망가니즈단괴라고 하며 이때 박테리아들이 철과 망가니즈가 침전되는 것을 도와준다고 알려져 있다. 또 퇴적물 틈 사이 물에 녹아 있던 성분이 침전되어 만들어진 것을 속성기원 망가니즈단괴라고 하며, 열수분출공으로 솟아 나온 뜨거운 바닷물 속에 녹아 있던 금속 성분이 침전되어 만들어진 것을 열수기원 망가니즈단괴라고 한다. 망가니즈단괴는 만들어지는 방법에 따라 금속의 함량이 다르지만 대체로 망가니즈가 20~30퍼센트, 철이 5~15퍼센트, 니켈이 0.5~1.5퍼센트, 구리가 0.3~1.4퍼센트, 코발트가 0.1~0.3퍼센트 들어 있으며, 이 밖에도 아연, 알루미늄 등 다양한 금속이 포함되어 있다.

　심해에서 잠자던 망가니즈단괴에 인류가 눈을 돌리는 것은 육상에 부존된 광물자원이 산업의 발달로 점점 고갈되고 있기 때문이다. 앞으로 육상 광물자원이 고갈되면 국가 간 심해저 광물자원 개발 경쟁은 더욱 치열해질 것이다. 이미 공해상의 망가니즈단괴를 개발하기 위해 프랑스, 인도, 중국, 일본, 러시아와 동유럽 여러 나라의 연합체(consortium) 등이 국제해저기구로부터 광구를 확보해놓은 상태이다. 우리나라도 2002년 북동태평양에 대한민국 면적의 4분의 3에 해당하는 7만 5000제곱킬로미터의 광구를 확보했다. 우리나라 광구의 망가니즈단괴 부존량은 5억 1000만 톤 정도이며, 이는 해마다 300만 톤을 채광한다면 100년 동안 사용할 수 있는 엄청난 양이다. 심해저 망가니즈단괴를 흔히 심해의 검은 황금, 심해의 흑진주라고 한다. 앞으로 우리에게 엄청난 부를 가져다줄 수 있기 때문일 것이다.

바다가 만드는 전기

    인류는 화석연료를 사용하여 1차 산업혁명을 이끌었다. 그러나 화석연료의 사용으로 대기가 오염되었고 그 후유증으로 지구온난화라는 대가를 얻었다. 지구온난화에 대한 대책을 마련하기 위해 인류는 지금 화석연료를 대체할 신재생에너지 개발에 주력하고 있다. 그 가운데 바다에서 얻을 수 있는 신재생에너지인 조력, 조류, 파력, 해양온도차 등은 공해를 일으키지 않는 에너지원일 뿐만 아니라 그 양이 무한대라는 장점이 있어 미래 청정에너지원으로 주목받고 있다.

    바닷가에 오래 머물다 보면 재미있는 현상을 발견할 수 있다. 바로 바닷물의 높이가 주기적으로 높아졌다 낮아졌다 하는 조석 현상이다. 조석 현상은 지구와 달과 태양이 만드는 천체 마술쇼이다. 우리는 이 조석 현상을 이용하여 전기를 얻을 수 있다. 조석 간만의 차가 큰 만의 입구나 하구에 방조제를 만들고 방조제 양쪽에서의 바닷물 높이의 차, 즉 위치에너지의 차를 이용해 발전기 터빈을 돌려 전기를 생산하는데 이러한 전력 생산 방식을 조력발전이라고 한다. 조력발전의 기본 원리는 강에 댐을 만들고 낙차를 이용해 발전기를 돌려 전기를 생산하는 수력발전과 같다. 지구와 달과 태양이 없어지지 않는 한 밀물과 썰물은 계속될 것이며, 밀물과 썰물이 있는 한 조력발전소는 문 닫을 일이 없다.

프랑스는 이미 1966년에 세계 최초로 시설용량 24만 킬로와트 규모의 랑스(Rance) 조력발전소를 건설하여 전력을 생산하고 있다. 랑스 조력발전소가 건설된 직후인 1968년 러시아에도 400킬로와트급 소규모 시험용 키슬라야 구바(Kislaya Guba) 조력발전소가 세워졌고, 1984년에는 캐나다에 2만 킬로와트급 아나폴리스(Annapolis) 조력발전소가 준공되었다. 한편 중국에도 시설용량 3900킬로와트급 지앙시아(江厦) 조력발전소를 비롯해 여러 곳을 가동하고 있다.

우리나라는 2011년 세계에서 다섯 번째로 조력발전소를 보유했으며 규모는 세계에서 가장 큰 25만 4000킬로와트급이다. 시화호조력발전소는 처음부터 조력발전소를 건설할 계획으로 만든 것은 아니다. 시화호의 수질 개선을 모색하던 중 시화호 물을 유통시키기로 했고, 유통시킬 때 기왕이면 수질 개선도 하고 전력 생산도 하는 두 마리 토끼를 같이 잡을 수 있는 방안으로 건설된 것이다. 우리나라에는 조석 간만의 차가 큰 서해안 일대의 가로림만과 인천만 등지에도 조력발전소를 만들 계획이 있지만 환경을 파괴한다는 우려의 목소리도 있다.

이제 조류발전에 대해 알아보자. 조류발전은 조력발전과는 달리 방조제를 만들 필요 없이 조류의 흐름이 빠른 곳에 지지구조물과 수차발전기를 설치하여 발전하는 방식이다. 조류의 자연적 흐름을 이용하기 때문에 해양 환경에 미치는 영향이 적어 방조제를 막아 건설하는 조력발전소보다 친환 경적이라고 할 수 있다. 조류발전은 바닷물의 운동에너지를 이용하여 수차 를 돌려 전기를 생산한다는 점에서 풍력발전과 원리가 같다. 최근 우리나 라를 비롯하여 영국, 미국, 캐나다, 노르웨이 등에서 조류발전에 관해 연구 하고 있다.

우리나라 서·남해안에는 조류발전에 적합한 곳이 많다. 특히 전라남도 진도군과 해남군 사이의 명량수도에 있는 울돌목은 유속이 최대 13노트에 달할 정도로 빠르고 수심이 조류발전에 알맞다. 울돌목 이외에 진도 남서 쪽의 장죽수도와 맹골수도, 경상남도 사천시와 남해군 사이의 삼천포수도 등도 조류발전의 적지로 꼽힌다. 한국해양과학기술원에서는 2009년 울돌 목에 1000킬로와트급 시험 조류발전소를 설치하여 발전한 바가 있다. 이 순신 장군이 명량대첩에서 빠른 조류를 이용해 왜적을 물리친 진도 울돌 목에서 후손들은 빠른 조류를 이용해 친환경적으로 전기를 만들고 있다.

파력발전은 파도의 파랑에너지를 기계적 에너지로 바꾸고 이를 다시 전 기적 에너지로 변환해서 전기를 만드는 방법이다. 작동 원리에 따라 가동 물체형, 진동수주형, 월파형 등이 있다. 가동물체형은 해수면의 움직임에 따라 민감하게 반응하도록 만든 장치를 사용한다. 진동수주형은 파도 에너 지로 압축된 공기의 흐름으로 터빈을 돌려 발전하는 방식으로 제주도 서 쪽 해안의 차귀도에 있는 시험 파력발전소가 이 방식이다. 월파형은 파도 가 경사면을 따라 넘어오면 가두었다가 수위 차를 이용해 발전기를 가동 하는 방식이다. 파랑에너지의 변환 효율은 가동물체형이나 진동수주형이

_조류발전(한국해양과학기술원)

월파형 파력발전보다 좋은 것으로 알려져 있다.

해수 온도차발전은 표층수와 심층수 사이에 온도 차를 이용하여 작동유체의 기화·응축 과정을 반복하면서 터빈을 돌려 발전하는 방식이다. 일반적으로 햇볕이 가열하는 표층수는 온도가 높고 수심이 깊어짐에 따라 바닷물의 온도는 점차 낮아져서 대양의 밑바닥까지 내려가면 수온이 거의 섭씨 1도 정도로 아주 낮아진다. 해수 온도차발전은 해수의 온도 차를 이용하는 만큼 수심에 따라 온도 차가 큰 해역이 알맞다. 현재의 기술로는 온도 차가 섭씨 13도 이상이면 가능해서 지리적으로 보면 북위 40도에서 남위 40도 사이에 있는 온대, 아열대, 열대 해역에서 연중 어느 때나 해양온도차 발전을 할 수 있다.

해양에너지를 이용하여 발전할 수 있는 기술 가운데 현재 실용화되어 상업용 발전을 하고 있는 것은 조력발전뿐이다. 조류발전, 파력발전, 그리고 해수 온도차발전은 아직 실용화 단계까지는 이르지 못했지만 기초연구는 이미 되어 있는 상태이고 현장에 시험발전소를 만들어 가동하는 실증단계까지 와 있다. 해양에너지는 개발 역사가 짧고 앞으로 해결해야 될 기술적 문제점도 남아 있다. 그렇지만 시화호조력발전소가 가동되고 울돌목 시험 조류발전소가 만들어진 예에서 보듯이 이미 해양에너지 시대는 열렸다. 앞으로 이런 청정에너지를 현명하게 쓰는 것은 우리의 몫이다.

미래 에너지는 바다에서 얻는다

파도가 거센 연안에서는 파도의 힘을 이용하여 전기를 생산하고, 조석 간만의 차가 큰 내만에는 조력발전소를, 조류가 강한 곳에는 조류발전소를 만들어 전기를 생산하는 기술은 앞서 설명했다. 그러나 이 기술을 실제로 활용하기 위해서는 아직 해결해야 할 과제가 많이 남아 있다. 미국에서는 해양에너지를 이용한 발전 시설에서 전체 전기 생산량의 약 10퍼센트를 얻으리라 전망했지만 현장 설치의 어려움 때문에 아직 장밋빛 꿈이 실현되지 못했다. 기술 개발 단계이기 때문에 시행착오도 있다. 2007년 미국 북서부 오리곤 주 연안에 설치한 파력발전 시스템이 가라앉는 사고가 있었고, 뉴욕 맨해튼의 동쪽을 흐르는 이스트 강에 설치한 시험 조류발전기 터빈의 날이 부러지는 사고도 있었다.

바다는 온실 속 연못이 아니다. 때로는 무소불위의 힘을 발휘하는 곳이 바다이다. 이렇듯 거친 바다에 발전 시설을 설치하는 것이 결코 쉬운 일은

_해상 풍력발전(북해)

아니다. 그러나 이런 문제에도 해양에너지를 활용하려는 과학자들의 노력은 계속되고 있다. 현재 해양에너지에서 전력을 생산하는 업체는 세계적으로 약 100여 곳에 달하며 이 숫자는 앞으로 기하급수적으로 늘어날 전망이다. 석유를 비롯한 화석연료가 고갈되면서 에너지 가격이 오를 것에 대비하여 대체에너지에 대한 관심이 높다.

대체에너지란 재생 가능한 자연의 무공해 청정에너지를 일컫는다. 해양에너지를 비롯해 태양에너지, 생물에너지, 풍력·지열·수소에너지 등이 있다. 해양에너지를 이용한 발전은 석탄이나 석유를 이용하는 화력발전처럼 대기오염을 일으키지 않는다. 만약의 경우 사고라도 나면 큰 재앙이 뒤따르는 원자력발전처럼 불안하지도 않다. 해양에너지는 환경오염을 일으키지 않기 때문에 주목받는 미래 에너지원으로 부상하고 있다.

해양에너지는 풍력이나 태양에너지보다 개발 잠재력이 크다. 물은 공기보다 850배나 밀도가 높아 에너지를 더 많이 얻을 수 있기 때문이다. 바닷물의 움직임은 바람처럼 간헐적이지 않고 지속적이다. 태양에너지처럼 흐린 날을 걱정할 필요도 없다. 다만 단점이라면 해수에서는 발전 시설이 더 빨리 부식된다는 점이다. 따라서 거친 바다에서 더 강한 내구성 확보도 중요하다.

바다는 에너지가 샘솟는 화수분이다. 화수분은 재물이 자꾸 생겨서 아무리 사용해도 줄어들지 아니함을 이르는 말이다. 보물단지로 그 안에 온갖 물건을 넣어두면 새끼를 쳐서 결코 고갈되지 않는다는 말에서 유래했다. 바다야말로 에너지의 보물단지이다. 지구가 자전을 멈추지 않는 한 조석 현상은 계속되며, 바람이 부는 한 파도와 해류는 멈추지 않는다. 바다가 없어지지 않는 한 인류는 무한한 에너지를 바다에서 얻어 쓸 수 있다는 말이다. 미래의 에너지는 바다에 있다.

바닷물도 자원이다

예부터 우리나라를 금수강산이라 불렀다. 비단에 수를 놓은 듯 아름다운 산천이 많기 때문이다. 계곡과 강에는 맑은 물이 넘쳐흘러 우리가 사용할 물이 모자란 적이 없다. 그러나 언제부터인가 우리나라는 물 부족 국가가 되었다. 국제인구행동연구소에서 모든 국가를 대상으로 강우 유출량을 인구 수로 나누어 1인당 사용 가능한 물의 양이 1000~1700세제곱미터, 즉 1000~1700톤인 나라를 물 부족 국가로 분류했는데 이 분류군에 우리나라가 포함된 것이다. 인구가 늘어나 물 소비량도 늘어나는데 사용할 수 있는 물은 한계가 있기 때문이다. 전 세계적으로 보면 아프리카나 중동 국가 가운데 물이 부족하여 생활에 지장을 받는 물 기근 국가가 많다. 물 기근 국가는 1인당 사용 가능한 물의 양이 1000톤 미만인 나라를 말한다.

물은 인간이 생활하는 데 없어서는 안 되는 자원이다. 그리고 물 부족을 해결하기 위한 답은 바로 바다에 있다. 지구 표면적의 약 70퍼센트를 차지하는 바다가 품고 있는 물의 양이 엄청나기 때문이다.

지구상에 존재하는 물의 97.2퍼센트는 바닷물이고 2.1퍼센트는 극지방의 얼음이며 0.6퍼센트는 지하수이다. 우리가 흔히 사용하는 지표수는 고작 0.01퍼센트에 불과하다. 물 부족 문제는 앞으로 점점 더 심각해질 것이므로 무궁무진한 바닷물을 담수로 만들어 쓰는 기술이 보편화될 것이다. 아무리 바닷물이 많아도 염분이 많이 들어 있는 바닷물을 그냥 사용할 수는 없다. 따라서 바닷물에서 염분을 제거하여 담수로 만들어 사용해야 한다. 이미 담수가 부족한 섬이나 사막이 많은 일부 중동 국가에서는 해수를 담수로 만들어 쓰고 있다.

해수담수화 기술이란 무엇인가? 해수담수화란 음용수, 생활용수나 공업용수로 사용하기에 부적당한 짠 바닷물의 염분을 여러 가지 방법으로 제거하여 인류의 생활에 유용하게 쓸 수 있는 물로 만드는 일련의 처리 과정을 말한다.

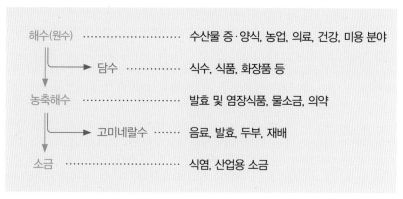

_해양심층수의 다목적 개발 및 다단계 이용

해수담수화 기술에는 증발법, 결정법, 역삼투압법, 전기투석법 등이 있다. 증발법은 가장 오래된 해수담수화 기술로 바닷물을 가열하여 증발한 수증기를 다시 응축해 담수로 만든다. 이는 무인도에 표류했을 때 손쉽게 마실 물을 만들 수 있는 방법이기도 하다. 바다에서 증발한 수증기가 구름이 되고 비가 되어 내리는 순환과정도 자연적인 담수화 과정이라고 할 수 있다. 증발법은 전 세계적으로 해수담수화 기술로 만들어지는 담수의 약 70퍼센트를 차지할 정도로 많이 쓰이는 방법이다.

결정법은 바닷물이 얼 때 물만 얼고 염분은 빠져나가는 원리를 이용한다. 결정법은 증발법에 비해 에너지가 적게 든다는 장점이 있지만 아직 기술이 개발 중이고 상업화되지 않았다는 단점이 있다. 극지방 바다에 떠 있는 해빙의 맛을 보면 짜지 않다. 그래서 극지방의 빙산을 가져다 녹여서 담수로 사용하는 방법도 있다. 극지방의 얼음은 자연적인 결정법으로 만들어진 경우라 하겠다.

역삼투압법은 삼투현상을 이용하는 방법이다. 삼투현상은 이미 설명한 것처럼 저농도 용액과 고농도 용액을 반투막으로 분리시켜 놓았을 때 일정한 시간이 지나면 고농도 용액 쪽의 양이 늘어나는 현상으로, 두 용액의 높이 차를 삼투압이라고 한다. 이러한 삼투현상은 농도가 높은 용액 쪽으로 농도가 낮은 쪽 물이 이동하여 두 용액의 농도 차가 줄어드는 자연 현상이다. 반투막은 용매인 물은 잘 통과시키지만 용액에 녹아 있는 용질은 통과시키지 않는 성질이 있다. 역삼투압법은 이러한 원리를 반대로 이용하여 농도가 높은 바닷물에서 염분을 제거하는 방법이다.

전기투석법은 바닷물에 전극을 넣고 전류를 흘려 바닷물 속에 녹아 있

200미터 이상의 수심에서
뽑아올린 심층수를 파이프를
이용해 육지로 이동

육지에 도달한 심층수를
공장으로 연결

심층수 공장에서 염분 제거
및 관련 제품 생산

해저에서 바닷물을 끌어올려 배로 이동

_ 해양심층수 개발 모식도(해양심층수연구센터)

는 물질을 분리해내는 방법이다. 바닷물에서 소금을 얻기 위해 오래전부터
사용해온 방법으로, 해수담수화 장치가 비교적 간단하고 유지 보수가 쉽다
는 장점이 있다.

최근 해양심층수에 대한 관심이 높아지고 있다. 해양심층수란 수심이
200미터보다 깊은 바닷물로 수온이 낮고 표층수보다 깨끗하며 각종 미네
랄이 많이 들어 있어 식수나 식품, 의약품이나 화장품을 만드는 데 사용하
는 물이다.

해수를 담수로 만드는 과정에서 제거한 염분, 즉 소금 역시 중요한 자원이다. 소금은 식품을 저장하거나 음식 맛을 내는 데 사용할 뿐만 아니라, 생물의 생리 활동에도 필수적인 화학물질이다. 바닷물 1리터 중에는 염분이 평균 34그램 들어 있다. 그러니 전체 바닷물에 들어 있는 염분의 양은 약 47×10^{18}킬로그램에 이르는 어마어마한 양이다. 만약 1톤을 실을 수 있는 트럭으로 한꺼번에 운반한다면 트럭이 4경 7000조 대 필요하다는 계산이 나온다. 바닷물은 이처럼 물 그 자체로도 우리에게 소중한 자원이다.

인간의 미래 생활 공간, 바다

바닷속 아파트에 살며 잠수정을 타고 출퇴근하는 것이 가능할까? 인공 아가미를 단 인간이 물고기처럼 자유롭게 바닷속을 누비고 다니는 것이 가능할까? 과학소설에나 나올 법한 이야기라는 생각이 들 수도 있겠지만 이런 미래가 현실화되고 있다.

소규모 해저호텔은 이미 지구 곳곳에 많이 존재한다. 중국 상하이 인근 바다에도 대규모 해저호텔 건설이 진행 중이다. 아랍에미리트 두바이에서는 2006년 완공을 목표로 '하이드로폴리스(Hydropolis)'라는 해저리조트 건설을 추진하기도 했다. 당초의 계획은 수심 20미터 깊이에 객실 220개를 갖춘 7성급 해저호텔을 짓고 육지에서 해저호텔까지 길이 300미터에 이르는 해저터널을 연결해 컨벤션센터나 해저빌라 등의 부대시설을 만드는 것이었다. 하지만 이 리조트는 개발 비용 부족으로 개장이 2009년으로 연기되었다가 2013년에 다시 기술적인 문제로 무기한 연기되었다. 그러나 앞으로 해저호텔 건설은 점점 늘어날 것이다. 대형 아크릴 창밖으로 고래와 바다거북, 물고기들이 유유히 헤엄치는 것을 보면서 아침잠을 깨는 일이 일상화될지도 모른다. 이렇듯 바다는 앞으로 우리 인간의 생활 공간이 될 것이다. 지구 표면적의 약 71퍼센트나 되는 광대한 바다 공간 그 자체가 바로 소중한 자원인 셈이다.

뉴욕이나 상하이, 도쿄처럼 대도시는 주로 바닷가에 자리를 잡고 있다. 바닷가 근처는 땅이 평평하여 개발하기가 좋고 물을 쉽게 얻을 수 있기 때문이다. 인구는 증가하고 육지의 좁은 공간에 밀집해 살다 보니 생활 공간을 바다로 넓히려는 시도가 진행 중이다. 바다에 만드는 주거 장소는 건설 위치에 따라 해상도시, 해중도시, 해저도시로 구분할 수 있다.

지난 1975년 일본 오키나와에서 열린 세계박람회에서는 해상 플랜트 '아쿠아폴리스(Aquapolis)'가 선을 보였다. 아쿠아폴리스는 공장 부지 부족과 지역이기주의(NIMBY, not in my back yard) 현상으로 대변되는 공해 문제가 심각했던 일본에서 갖가지 문제를 해결하기 위해 내놓은 획기적인 아이디어였다. 또한 일본은 1981년 고베 항 인근 바닷가에 총면적 583헥타르에 달하는 광대한 인공 섬을 만들어 '포트아일랜드'라는 매립식 해상도시를 건설하기도 했다. 인공 섬은 육지에서 떨어진 바다에 사람들이 건설한 섬으로, 만드는 방법에 따라 매립식과 유각식 그리고 부유식이 있다. 매립식은 수심이 얕은 곳을 흙으로 메워서 만드는 방법이고, 유각식은 해저에 파일을 박아 만드는 방법이다. 또 부유식은 수심이 깊은 곳에 물에 뜨는 구조물을 설치해 만드는 방법이다.

지금까지 인류는 주로 바다를 매립한 후 육지로 만들어 도시를 건설해왔다. 그러나 최근에는 부유식으로 인공 섬을 만들어 해양도시를 건설하는 방법이 주목을 끈다. 대표적 예가 '메가플로트(Megafloat)' 계획이다. '메가'는 크다는 말이고 '플로트'는 뜨는 물체라는 말이니 메가플로트는 초대형 부유물체라는 말이 된다. 이 계획은 여의도의 두 배쯤 되는 면적의 초대형 부유물체를 만들어 공항, 항만, 숙박시설과 업무시설을 갖춘 해상도시를 건설한다는 것이다. 마리나(요트나 레저용 보트의 정박시설과 상점 및 숙박시설 등을 갖춘 항구)나 낚시터, 해중전망탑 등을 설치하여 관광객을 끌어들일 수도 있다. 인공 섬은 교량을 건설하여 육지와 연결하거나 비행장 활주로와 항만을 만들어 비행기와 선박으로도 왕래할 수 있다. 또한 인공 섬은 거주 공간으로 활용하는 것은 물론이고, 소음이 발생하는 비행장이나 공해를 일으키는 공장, 원자력발전소처럼 사고가 나면 피해가 큰 시설을 육지에서 멀리 떨어진 곳에 설치하는 용도로도 활용한다.

최근에는 바닷속에 터널을 만들어 자동차나 기차가 오고 갈 수 있게 만드는 해중터널 연구도 진행 중이다. 한반도와 제주도를 연결하거나 우리나라와 일본 또는 우리나라와 중국 사이에 바다를 가로질러 해저터널을 건설하여 배나 비행기가 아닌 자동차나 기차로 갈 수 있는 날이 올지도 모른다. 이보다 소규모이기는 하지만 부산과 거제도를 연결하는 도로 가운데에는 해저터널 구간이 이미 있다.

요즘은 '워터프런트(Waterfront)'라는 말을 자주 사용한다. 워터프런트는 말 그대로 물과 땅이 만나는 경계이다. 바다, 하천, 호수 등의 주변 공간을 의미하며 물가에 인공으로 조성한 공간을 말하기도 한다. 나아가 노후한 바닷가 도시를 재개발하여 환경을 개선하고 도시 구조를 재편하는 의미로

_일본 고베 항의 포트아일랜드

도 폭넓게 쓰인다. 미국에서는 1960년대부터 동부 해안에 위치한 도시 보스턴, 뉴욕, 필라델피아, 볼티모어, 마이애미와 오대호 주변의 시카고, 디트로이트, 그리고 서부 해안의 시애틀, 샌프란시스코, 로스앤젤레스, 샌디에이고 등에서 워터프런트 재개발 사업을 추진했다. 그 결과 대도시의 복잡함을 떠나 편안하게 휴식을 취할 수 있는 공간이 많이 확보되었다. 최근에는 이 워터프런트가 치유(healing) 장소로도 각광을 받고 있다.

바닷속에 건물을 짓는 기술이 발달하면 해중도시가 탄생할 것이다. 해

_미래 해저도시(통영수산과학관)

저빌딩 사이로는 투명한 아크릴 튜브를 설치해 해중산책로를 만들고, 해중 농장을 만들어 수산물을 기르며, 해상공장의 기계가 쉴 사이 없이 돌아가 물건을 생산할 것이다. 과학자들은 물속에 녹아 있는 산소를 이용해 사람들이 바다에서도 호흡할 수 있는 인공 아가미를 개발했고 이제 성능을 향상시키는 일만 남아 있다. 인간이 물고기처럼 물속에서 살 수 있는 가능성이 보이기 시작한 것이다. 먼 훗날 인류는 육지에서 살다가 바다로 돌아간 고래처럼 바다에서 살지도 모른다.

물고기가 안 부럽다

어릴 적 「마린보이」라는 만화영화를 무척 좋아했다. 요즘 세대 사람들은 몇 년 전 상영한 영화 「마린보이」라고 생각할지도 모르겠다. 아무튼 일본 만화영화가 원작인 「마린보이」가 등장한 것은 1960년대 중반 무렵이다. 만화 속 줄거리는 거의 기억나지 않지만, "바다의 왕자 마린보이, 푸른 바다 밑에서 잘도 싸우는 슬기롭고 용감한 마린보이 소년은 우리 편이다"라는 주제가는 아직도 또렷이 생각난다.

기억이 정확하다면 마린보이는 산소 껌을 씹으면서 물속에서도 자유자재로 숨을 쉬며 종횡무진 바닷속을 누볐다. 당시 사람들이 생각하는 물속은 기피 대상 1호였다. 새해 운수를 미리 점쳐보는 토정비결에는 일 년 열두 달 가운데 여름철이 낀 달은 어김없이 '물가는 위험하니 가지 마라'는 식이었다. 부모는 아이들이 혹시라도 물에 빠질까 노심초사하여 강가나 바닷가에는 얼씬도 하지 못하게 말렸다.

육상에서 생활하는 인간은 허파로 공기 호흡을 하니 물속에서는 그야 말로 속수무책이다. 그러니 산소 껌을 씹으면서 물고기처럼 바닷속을 질주하는 마린보이가 우상이 되지 않을 수 없었다. 물론 요즘은 스쿠버라고 하는 자동 수중호흡 장치가 있어 한정된 시간이나마 다이빙을 즐길 수 있다.

2011년 한국기계연구원에서 인공 아가미를 발명했다는 신문기사가 보도되었다. 산소통 없이도 물속에서 호흡할 수 있는 '생체모방형 산소호흡 장치'를 개발해 특허를 출원했다는 것인데, 인공 아가미라니 과학소설(SF)에나 나올 법한 이야기가 아닌가? 사람이 물고기처럼 물속에서 숨을 쉴 수 있다니 말이다. 인공 아가미는 물속에 녹아 있는 산소로부터 산소 기체를 추출해서 허파 호흡을 하는 생물도 물속에서 숨을 쉴 수 있도록 한 장치이다. 추출된 산소는 미세한 구멍으로 기체를 여과할 수 있는 화학섬유 다발을 거쳐 마스크에 공급된다. 인공 아가미가 실용화되면 바다에서 조난 사고로 아깝게 인명을 잃는 일은 없을 것이다. 또 물고기처럼 자유자재로 물속을 헤엄치며 수중경관을 즐길 수도 있을 것이다.

사람이 사용할 수 있는 인공 아가미는 2000년대 들어 이스라엘에서 본격적으로 개발했다. 이 기술의 핵심은 원심분리기를 이용하여 장치의 중앙부에 압력을 낮게 만들고, 이곳으로 물속에 녹아 있는 산소가 기체로 추출되도록 한 것이다. 이 장비의 이름은 '물고기처럼(Like-A-Fish)'이다. 일반적으로 물속에 녹아 있는 산소의 양이 많지 않으므로 호흡하기에 충분한 산소를 추출하기 위해서는 물이 많이 필요하다. 따라서 인공 아가미의 펌프는 짧은 시간 동안 많은 물을 처리할 수 있도록 강력해야 하고, 펌프를 작

_스쿠버 장비

동시키는 배터리는 수명도 길어야 한다. 아직은 다이버들이 물속에서 호흡하기 위해 사용하는 스쿠버 장비에 비해 불편한 점이 많고 개선할 점도 많다. 그러나 앞으로 사용하기 편리한 인공 아가미가 만들어지리란 점은 의심할 여지가 없다.

지구상의 생명체는 바다에서 태어나 육지로 진화했다. 그러나 바다에 사는 포유류인 고래는 육지생활을 하다가 생명의 고향인 바다로 다시 돌아가 적응했다. 자궁 속 양수에서 자라는 인간의 태아는 발달 과정 중에 어류의 아가미와 유사한 구조를 보인다. 인간도 아주 먼 미래의 일이겠지만 바다에서 생활할 수 있도록 진화할지도 모른다. 인공 아가미의 실용화는 그리 먼 일이 아니다. 곧 물속에서 자유롭게 생활하는 물고기를 더 이상 부러운 눈길로 쳐다보지 않아도 될 것이다. 바다가 미래 인류의 생활 공간이 될 날이 한층 가까이 다가왔다.

바다라는 놀이터, 관광자원

　아마도 여행을 싫어하는 사람은 없을 것이다. 바쁜 일상생활에서 벗어나 자유롭게 돌아다니며 구경도 하고 새로운 지식도 얻고 낯선 문화도 접하고 심신을 쉴 수 있으니 좋지 않을 수가 없다. 세계적으로 관광객의 수는 날로 늘어나고 있으며, 관광산업은 고용 창출 효과가 높아 각광을 받고 있다. 관광산업 가운데 바다를 대상으로 하는 해양 관광산업은 전체 관광산업의 50퍼센트 이상을 차지한다. 우리나라의 경우에도 해양 관광산업은 성장 잠재력이 높다. 삼면이 바다일 뿐만 아니라 남해안과 서해안은 리아스식 해안으로 해안선의 길이가 무려 1만 2800킬로미터에 3000개가 훨씬 넘는 섬이 있으며, 동해안과 더불어 풍광이 뚜렷이 달라 관광자원이 다양하기 때문이다.

　끝없이 펼쳐진 동해안의 백사장은 여름 휴가철에 인기 있는 해수욕장이다. 또한 동해안을 따라 곳곳에 발달한 깎아지른 바위절벽은 경치가 좋아

_크루즈선(부산항)

_고래 관광 여객선(울산)

_관광용 잠수정(하와이)

많은 사람들이 찾고 있다. 섬이 점점이 흩어져 있는 다도해 남해안은 한려수도를 비롯하여 경치가 좋은 관광지가 많아 국립해상공원으로 지정되어 있다. 서해안은 갯벌에서 생태관광을 즐길 수도 있고, 낙조를 바라보며 다양한 해산물을 즐길 수 있는 곳도 많다. 우리나라는 온대 지방에 속해 바다를 찾는 사람들이 여름 한철 짧은 기간에 집중되지만, 요즘은 지구온난화 때문에 여름이 길어지면서 해수욕장의 개장 기간도 길어지고 있다.

해양 관광산업은 참으로 다양하다. 해수욕장이나 해양리조트처럼 해변에서 즐기는 해양 관광이 주를 이루기는 하지만 해상이나 해중에서 즐길 수 있는 해양 관광도 있다. 먼저 해상 관광부터 살펴보자. 해상 관광은 주로 선박을 이용한다. 유람선이나 관광선을 타고 해안 절경을 둘러보거나 대형 크루즈선을 타고 세계 곳곳을 여행한다. 또한 선박을 이용한 해양 레포츠도 최근 인기를 얻고 있다. 모터보트, 요트, 제트스키, 카약, 카누, 수상스키, 파라세일링 등 다 헤아리기조차 힘든 다양한 해양 레포츠 활동이 있다.

해중 관광은 물안경과 오리발 그리고 스노클이라 부르는 숨대롱(snorkel)을 이용해 잠수하는 스노클링이 대표적이다. 이 밖에 스쿠버 장비를 이용한 스쿠버다이빙, 머구리 장비처럼 물위에서 산소를 공급해주는 헬멧을 쓰고 수중 산책을 하거나 관광용 잠수정을 타고 바닷속 신비한 경치를 구경하는 관광도 있다.

바다낚시 역시 중요한 관광 상품이다. 요즘은 어선을 빌려 바다로 나가서 하는 낚시나 바닷가 갯바위에서 하는 낚시 형태에서 벗어나 바다 위에 잔교를 만들거나 부유식 낚시터를 만들어 바다 한가운데서도 편하게 낚시할 수 있는 시설이 많이 갖춰져 있다.

최근에는 단순히 아름다운 바다 풍경을 보고 즐기는 관광에서 벗어나 특별한 주제를 갖고 체험하고 배우는 관광이 자리를 잡아가고 있다. 그 예가 해양 생태관광과 해양 문화관광이다. 해양 생태관광은 바다에 가서 그곳 환경과 어우러져 살아가는 생물을 관찰하고 배우는 체험학습 형태의 관광을 말한다. 즉 관리가 잘되고 있는 해양 보호구역이나 습지 보호구역, 해양 생태계 보호구역, 해상국립공원 등을 방문하여 고래, 물범, 바닷새, 갯벌 생물들을 관찰하는 관광이다. 우리나라 바닷가 곳곳에는 갯벌 체험센터, 철새관찰 전망대, 해양 생태공원 등이 잘 조성되어 있어서 가족 단위나 학교에서 체험학습을 하기에 좋은 곳이 많다.

해양 문화관광은 자연을 대상으로 하는 해양 생태관광과 달리 사람이 만든 유·무형의 관광자원을 체험하는 관광이다. 해양 문화관광의 대상으로 중요한 것은 해양 관련 축제이다. 어민들이 물고기를 많이 잡게 해달라고 비는 풍어제를 주제로 한 서해안 풍어제, 신라시대 해상무역을 주도한 장보고 대사를 기리는 장보고축제, 이순신 장군의 승전을 기념하기 위한 명량대축제, 진도에서 바닷길이 갈라질 때 열리는 진도영등제, 충남 보령의 머드축제, 부산자갈치축제 등 바다와 관련한 크고 작은 축제가 지방 자치단체 주관으로 곳곳에서 열리고 있다. 이런 볼거리도 해양 관광산업 활성화에 큰 몫을 담당하고 있다.

이렇듯 바다 현장을 방문하여 체험할 수 있는 기회도 있지만 해양박물관이나 수족관, 어촌민속관 등 바다와 관련된 문화시설을 방문하는 것도 좋은 관광이 된다. 전남 목포에 있는 해양유물전시관, 경북 포항의 등대박물관, 부산의 국립해양박물관, 해양수산과학관, 해양자연사박물관, 강원도

화진포의 해양박물관 등 방문할 가치가 있는 박물관이 많다. 서울을 비롯하여 부산, 여수, 제주 등지에는 대규모 수족관도 있어 도심 속 볼거리를 제공한다.

선진국의 예에서 생활 수준이 높아지면 사람들이 해양 관광과 레저에 관심을 갖게 됨을 알 수 있다. 국민소득이 3만 달러가 넘어서면 요트 수요가 늘어난다는 통계가 이를 뒷받침한다. 우리나라도 국민소득에 증가하면서 통영, 부산, 화성 등에 마리나가 만들어지는 등 해양 관광 활성화 조짐이 나타나기 시작했다. 바다에서 다양한 자원을 얻고 있지만 우리에게는 바다가 놀이터가 되어주는 것이 가장 친근감이 들지 않을까.

바닷길을 달리는 배

배가 없는 바다는 물고기가 없는 수족관처럼 황량하게 보인다. 그만큼 바다와 배는 떨어질 수 없는 관계이다. 바다를 수놓듯 떠 있는 배를 보면 바다도 우리의 생활 공간임을 실감할 수 있다. 새파란 수평선을 배경으로 한 하얀 돛단배는 우리 마음을 여유롭게 해주지만, 무장한 회색 군함은 긴장감을 준다. 고기를 잡고 있는 어선이나 물건을 가득 싣고 가는 상선은 풍요롭게 보이고, 거대한 유람선은 미지의 세계에 대한 호기심을 불러일으킨다. 날듯이 물살을 가르며 달리는 수중익선은 시원해 보이기까지 한다.

인류 문화는 인간이 바다로 진출하면서 꽃을 피우기 시작했다. 예나 지금이나 강대국은 바다를 개척하고 지배한 나라이다. 고대 그리스는 강력한 페르시아 함대를 물리치고 지중해를 장악함으로써 오늘날 서양문화의 근간을 이루었고, 로마도 카르타고를 지중해에서 몰아내고 대제국을 건설했다. 영국도 스페인 무적함대를 물리치고 세계 곳곳에 식민지를 만들어 해가 지지 않는 나라가 되었다. 현재 미국은 항공모함을 비롯한 강력한 해군력으로 초강대국의 위치를 차지하고 있다. 이렇듯 막강한 해양력 뒤에는 배가 있었다.

바다는 배가 다니는 고속도로 역할을 한다. 이제 고속도로를 달리는 배에 대해 알아보자. 옛날 우리 조상들은 뗏목이나 통나무배, 가죽배 등을 만들어 사용했다. 13세기에 들어서면서 사람의 힘을 들이지 않고 바람의 힘만으로 움직이는 범선이 개발되었다. 범선은 15~16세기 탐험 시대를 열어 크리스토퍼 콜럼버스(Christopher Columbus, 1451~1506)가 대서양을 횡단하여 신대륙을 발견하는 계기가 되었다. 17세기에 들어서면서 바다의 주도권을 잡기 위해 대포를 단 군함이 만들어졌다. 18세기 후반 제임스 와트(James Watt, 1736~1819)가 증기기관을 발명하자 19세기 초에는 기선이 등장했다. 1807년 미국의 로버트 풀턴(Robert Fulton, 1765~1815)은 최초로 증기선 클레몬트(Clemont)호를 만들었다. 이로써 범선 시대에서 증기선 시대로 바뀌게 되었다. 당시 증기선은 선체 옆에 달린 큰 바퀴를 증기의 힘으로 돌려 움직였다. 1819년 미국의 기선 사반나(Savannah)호는 처음으로 대서

쾌속여객선(홍콩)

양 횡단에 성공했다. 배의 재료도 나무에서 철로 바뀌어 1822년에는 영국에서 최초의 철선이 만들어졌다. 1843년 그레이트브리튼(Great Britain)호는 철선으로는 처음으로 대서양을 횡단했다. 이후 철보다 우수한 강철이 보급되어 1880년부터는 대형 강철선이 등장했다. 20세기 들어서면서 해군력 경쟁을 위해 항공모함, 잠수함과 같은 특수 선박이 등장했다.

미국의 8만 1000톤급 항공모함 기티호크(Kitty Hawk)호는 축구장 3개가 들어갈 정도로 갑판이 크며 5500여 명이 근무한다. 인원으로 보면 작은 도시 규모이다. 두 아들을 군대에 보낸 어머니가 형제에게 각각 편지를 받고서야 형제가 같은 항공모함에 타고 있음을 알았다는 일화에서 이 항공모함이 얼마나 큰지 가늠할 수 있다. 이 항공모함은 각종 항공기 총 75대를 탑재하고 있으며 활주로 200미터를 갖추고 있다. 워낙 큰 규모라 항공모함 내부에는 미로가 많아 길을 익히는 데만 3개월 이상 걸린다고 한다. 병원, 우체국, 교회, 교도소, 법률사무소, 헬스클럽은 물론 백화점도 4개나 있다. 현재 항공모함을 보유한 나라는 미국, 영국, 프랑스, 스페인, 러시아, 이탈리아 등이며 그중 최다 보유국은 미국이다.

잠수함은 물속에서 이동할 수 있는 선박이다. 예전에 북한 잠수정이 동해로 침투하여 떠들썩한 적이 있다. 잠수정은 잠수함보다 크기가 작은 선박으로 주로 군사적 목적으로 사용하나 과학 조사나 관광 목적으로도 이용한다. 최초의 잠수정은 네덜란드의 코르넬리우스 반 드레벨(Cornelius van Drebel, 1572~1633)이 만들었다. 목재로 된 선체에 동물 가죽을 씌운 것으로, 1620년 영국 템스 강에서 수심 약 3미터를 잠수하는 데 성공했다. 잠수정을 처음으로 전쟁에 사용한 때는 1776년 미국 독립전쟁으로, 미국 독립군이 뉴욕 항에서 영국 군함을 거북(Turtle)이란 이름의 잠수정으로 공격했다. 현대식 잠수함은 미국의 발명가 사이먼 레이크(Simon Lake, 1866~1945)가 1894년에 만든 것으로 가솔린 엔진으로 작동하고 숨대롱을 수면 밖으로 내놓아 공기를 교환했다. 이후 제1차 세계대전을 거치면서 잠수함 개발은 독일의 주도하에 급속히 발전했다. 관광용 잠수정은 장비와 훈련이 필요한 스쿠버다이빙과는 달리 일반인들도 안전하게 멋진 해중세계를 볼 수 있다는 게 큰 매력이다. 심해 조사용 잠수정으로는 1964년 미국에서 만든 앨빈호가 유명하다. 앨빈호는 심해 열수분출공에 살고 있는 생물군집을 발견해 해양학 발전에 큰 공헌을 했다.

수중익선(hydrofoil boat)은 선체 밑에 날개가 달려 있어 빠른 속도로 달리면 선체가 물 위에 뜨는 배이다. 1906년 시운전 한 뒤 1956년 시칠리아 섬과 이탈리아 사이를 처음으로 운항했다. 공기부양선은 선체 밑에서 압축 공기를 강하게 내뿜어 선체를 수면 위로 띄워 움직이는 배이다. 공기부양선을 만든 영국 호버 크래프트(Hover Craft) 사의 이름을 따서 호버 크래프트호라고 부르며 수륙양용이다. 호버 크래프트는 1957년 도버해협 횡단에 성공했다.

물 위를 날아다니는 위그(WIG)선이라는 배도 있다. 국내에서도 소형 위그선의 시험 운항에 성공한 적이 있다. 이 배는 물에 떠 있는 배의 날개가 수면에 가까워질수록 수면 효과로 배를 공기 중으로 띄우는 양력이 커지는 원리를 이용한다. 물 위에 떠서 시속 300~500킬로미터를 날아갈 수 있어 인천에서 부산까지 약 2시간 정도 걸린다. 또한 선체가 두 개로 되어 있어 흔들림이 작고 갑판도 넓은 쌍동선을 요즘에는 여객선으로 많이 사용한다.

바다에서 건진 타임캡슐

   몸에 좋은 약은 써서 삼키기가 힘들다. 이런 약을 먹기 좋게 작은 용기에 넣은 것을 캡슐이라고 하며, 만약 그 안에 시간의 기록을 담는다면 타임캡슐이 된다. 타임캡슐은 당대의 기록이나 물품을 담아 후대에 전할 목적으로 만든 것으로 지하에 묻었다가 오랜 시간이 흐른 후 공개하는데, 과거의 생활상을 엿볼 수 있는 도구이다. 이것이 타임캡슐을 기억상자라고 하는 이유이다.

   타임캡슐은 1939년 뉴욕 플러싱에서 열린 세계박람회 때 처음 만들어졌다. 부식에 견딜 수 있도록 특수합금으로 만든 어뢰처럼 생긴 용기 속에 당시 문화를 대변하는 신문과 영화필름 그리고 일상생활에 사용하는 물품 등 100가지가 넘는 물건을 집어넣어 땅속 150미터에 묻었다. 이 타임캡슐은 5000년이 지난 6939년에 개봉할 예정이라고 한다. 우리나라에서는 1994년 서울 수도 600년을 기념하는 의미로 물품 600점을 넣어 서울 남

산 한옥마을에 타임캡슐을 묻었다. 이 기억상자는 400년 후인 2394년에
개봉할 예정이다.

　타임캡슐은 바다에서 많이 발견된다. 일부러 타임캡슐을 바다에 묻어놓
았다는 뜻은 아니다. 짐을 싣고 항해하다가 거친 풍랑을 만나거나 암초에
부딪쳐 침몰한 선박이 바로 타임캡슐 역할을 한다. 우리나라 서해안과 남
해안에 발달한 갯벌에서는 오래전에 가라앉은 고대 선박이 발견되곤 하는
데 그 안에는 보물보다 값어치가 있는 유물이 가득하다. 그래서 이런 고대

선박을 해저 보물선이라고 부르기도 한다. 갯벌에서 유난히 잘 보존된 해저유물이 발견되는 데는 이유가 있다. 갯벌의 흙은 입자가 고와서 그 안으로 공기가 들어갈 틈이 없다. 그러므로 갯벌 깊숙한 곳은 산소가 없는 무산소 환경인 경우가 많다. 이런 곳에서는 산소를 필요로 하는 미생물이 살 수 없기 때문에 미생물이 유물을 훼손하지 않으므로 오랜 시간이 지나도 유물이 보존될 수 있다.

해저유물은 일단 인양되어 공기 중에 노출되면 부식이 시작되므로 발굴 즉시 보존 처리가 필요하다. 바닷물에 잠겨 있던 유물이 마르면서 생기는 염분 결정은 유물을 손상시킬 수 있으므로 염분을 제거하는 과정이 가장 먼저 진행된다. 그런 후에는 유물 표면에 달라붙은 이물질을 제거하는 작업이 이루어지고, 마지막으로 떨어져 나간 부위나 깨진 곳을 복원하는 작업이 진행된다. 이런 일련의 과정을 거치면서 바닷속 유물은 육지에서 새로 태어난다.

2014년 11월 충청남도 태안군 마도 해안에서 조선시대 백자가 인양되었다. 국립해양문화재연구소가 2014년 6월부터 발굴 조사를 시작하여 침몰된 고대 선박에서 조선시대 백자 111점을 인양한 것이다. 태안 해역은 조류가 빠르고 안개가 자주 끼며 암초와 모래톱이 많아 예부터 항해하던 배가 자주 사고를 당했다. 2014년에 발견된 마도 4호선은 이전에 태안 해역에서 발견된 고려시대 선박 태안선과 마도 1~3호선에 이은 다섯 번째 유물로 조선시대 것으로 추정하고 있다. 태안 해역은 현재까지 3만 점이 넘는 유물이 발굴된 그야말로 값진 타임캡슐인 셈이다.

해저 보물선을 찾는 데는 해양 과학기술이 한몫을 한다. 전문가가 아니

_수중로봇 크랩스터

_해저유물 발굴 시연 현장(충청남도 태안군 마도)

라면 이름이 생소할 수도 있는 다중음향측심기, 측면주사음파탐지기, 해저지층탐사기 등 해양탐사 장비들이 해저유물을 찾는 데 사용되기 때문이다. 이러한 장비는 기본적으로 소리를 발생시킨 후 반사되어 오는 소리를 이용하여 해저에 놓인 물체를 찾아낸다. 메아리의 원리와 크게 다르지 않다. 물체가 확인되면 얕은 바다라면 잠수부가, 깊은 바다라면 심해 잠수정이 들어가 정밀 조사를 한다. 2003년 울릉도 인근에서 러일전쟁 당시 침몰한 돈스코이(Donskoi)호를 찾은 것도 이런 해양 과학기술이 있었기 때문에 가능했다.

우리나라는 해양 과학기술이 앞선 일본, 러시아, 중국에 둘러싸여 있다.

세계 역사가 말해주듯 바다의 힘, 즉 해양력을 보유한 나라가 세계를 지배해왔다.

일본은 이미 해양 과학기술에서 세계 선두를 다투고 있고,

중국도 최근 심해에 대한 연구개발에 박차를 가하고 있다.

바다에서 힘을 기르지 않으면 우리의 미래는 불안할 수밖에 없다.

5장

⋮

세계 속의 우리 바다

해양강국으로 가는 길

바다로 둘러싸인 한반도

　모든 생명체의 고향인 바다로 둘러싸인 한반도는 자연의 혜택을 받은 곳이다. 한반도에 자리 잡고 사는 우리는 예부터 바다와 떨어질 수 없는 관계를 맺으며 살아왔다. 패총 유적지에서 보듯이 우리 조상들은 바닷가에 널려 있는 조개를 식량으로 삼았으며, 울산광역시 반구대 암각화에서 보듯이 주변 바다에 사는 고래를 비롯한 해양생물을 수산자원으로 활용했다. 바다는 이렇듯 우리에게 풍요로운 먹을거리를 주는 보물창고이다.

　우리나라는 삼면이 서해, 남해, 동해로 둘러싸여 있다. 서해는 한반도와 중국 대륙에 둘러싸인 바다로 평균 수심이 약 40미터 정도밖에 안 된다. 한국과 중국의 큰 강에서 흘러드는 진흙 때문에 바닷물 색깔이 누래서 황해라고도 한다. 서해는 간조와 만조의 차가 커서 갯벌이 넓게 발달했다. 갯벌은 해양생물의 좋은 산란지와 서식지로 생명력이 넘치는 곳이다. 서해 갯벌은 어디를 파헤치든 조개나 낙지를 잡을 수 있다. 또 우리나라 사람들

_울산 반구대 암각화 현장

_반구대 암각화 모형(울산암각화박물관)

이 좋아하는 조기, 갈치, 멸치, 꽃게 등이 서해에서 많이 잡힌다.

남해는 서해보다는 깊지만 가장 깊은 곳이 수심 약 200미터 정도로 동해에 비하면 아주 얕은 편이다. 남해는 해안선이 복잡하며 크고 작은 섬이 여기저기 흩어져 있어 경치가 아름답다. 남해안은 갯벌, 백사장, 바위해안 등이 골고루 발달하여 해양생물의 서식 환경이 다양하다. 따뜻한 쿠로시오의 영향으로 수온과 염분이 높기 때문에 열대나 아열대에서 볼 수 있는 색깔이 화려한 난류성 어류도 많이 산다. 남해에서는 온대와 아열대에 사는 다양한 수산자원을 어획할 수 있으며, 대표적 수산어종은 고등어, 삼치, 전갱이, 방어, 멸치 등이다. 또한 바닷물이 깨끗한 청정해역이라 김, 굴, 우렁쉥이(멍게) 같은 수산물을 기르는 양식장이 많다.

남해에서 가장 수중경관이 아름다운 곳은 제주도이다. 제주도는 우리나라에서 가장 큰 섬으로 해안선 길이가 254킬로미터에 달한다. 바위가 많은 제주도 주변 바닷가에는 해조류가 무성하게 자라며 성게, 해삼, 말미잘,

_서해 신안 증도갯벌

_남해 제주도 주상절리 해안

전복, 게, 새우 등의 저서동물이 서식한다. 제주도 서귀포 앞바다에 있는 문섬 주변은 아름다운 수중 경치로 스쿠버다이버들의 사랑을 받는 곳이다. 꽃밭처럼 보이는 붉은 연산호 군락 사이로 파랗고 빨간 물고기들이 헤엄치는 모습은 눈길을 사로잡기에 부족함이 없다.

동해는 우리 주변 바다 가운데 가장 깊어 최대 수심이 4000미터에 달한다. 동해는 한류와 난류가 만나는 곳이라 수산자원이 풍부한 황금어장이다. 가을에 북쪽에서 내려오는 북한한류가 강해지면 찬물을 좋아하는 명태와 대구가 알을 낳기 위해 모여들고, 수온이 낮아지면 미역이나 다시마 같은 해조류가 잘 자란다. 반대로 여름에 남쪽에서 올라오는 동한난류가 강해지면 난류성인 오징어와 고등어, 꽁치 등이 모여든다.

동해에는 고래가 여러 종류 살고 있다. 동해에서 잡힌 기록이 있거나 서식하는 고래로는 흰긴수염고래(대왕고래), 참고래, 보리고래, 브라이드고래, 밍크고래, 혹등고래, 귀신고래, 향고래(향유고래), 범고래, 큰머리돌고래, 낫

돌고래 등이 있다. 동해에서 포경이 가능했던 1985년까지는 고래 숫자가 적었으나 그 후 포경이 금지되면서 지금은 고래 숫자가 늘어났다. 동해에서 배를 타고 가다 보면 돌고래 떼가 배와 경주하듯이 따라오는 장면을 흔히 볼 수 있다.

동해 한가운데에는 우리나라 가장 동쪽 끝 섬인 독도가 자리 잡고 있다. 독도는 동도와 서도를 비롯한 크고 작은 여러 바위섬들로 이루어졌다. 독도에는 파도가 깎아 놓은 해식동굴을 포함해 경치가 아름다운 곳이 많으며 수중경관 또한 수려하다. 독도의 해양 생태계는 환경 훼손이 심하지 않아 잘 보전되어 있다. 현재까지 독도 주변 바다에는 100종이 넘는 어류가 서식하는 것으로 보고되었는데, 대표적 수산어종은 조피볼락, 볼락, 혹돔,

동해 독도의 서도

돌돔 등이다. 또한 전복과 해삼도 독도에서 잡히는 중요한 수산자원이다. 독도는 북위 37도 14분에 위치하고 있지만 난류가 북상하기 때문에 아열대 해역에서 볼 수 있는 어류도 눈에 띈다. 예를 들어 파랑돔은 열대와 아열대에 사는 어류로 우리 주변 바다에는 제주도 부근에서 살지만 여름에는 독도에서도 발견된다.

우리 바다는 이처럼 서해, 남해, 동해가 각각 뚜렷한 특징이 있다. 갯벌이 끝없이 펼쳐진 서해, 크고 작은 섬들이 한 폭의 그림 같은 남해, 백사장과 기암절벽이 어우러진 동해는 우리가 세계에 자랑할 만한 자연유산임에 틀림없다.

천리안으로 우리 바다를 본다

천 리 밖 먼 곳까지도 볼 수 있는 눈을 뜻하는 천리안은 세상사를 꿰뚫어 보거나 먼 곳에서 일어나는 일을 감지하는 능력을 말한다. 중국 위나라 말엽에 관리 양일(楊逸)이 사람을 시켜 이곳저곳의 정보를 수집했는데, 이런 정보로 먼 곳의 상황도 마치 손금 들여다보듯 훤하게 알게 되자 부하들이 양일을 천 리를 내다보는 눈을 가졌다고 평가한 데서 유래한 말이다. 하지만 천리안은 중국 고사(故事)에만 등장하는 말은 아니다. 얼마 전 우리가 만든 정지궤도 위성의 이름이기도 하다. 차이점은 많은 사람을 풀어 발로 뛰며 천 리 밖 정보를 얻는 대신 첨단 과학기술로 만든 위성으로 하늘에서 천 리를 꿰뚫어본다는 데 있다.

천리안은 우리나라 12번째 위성이지만 정지궤도 위성으로는 첫 번째 위성이다. 지구의 자전 속도와 같은 속도로 움직이므로 한자리에 머물러 있는 것처럼 보인다. 통신해양 기상위성이라는 이름에서 알 수 있듯이 천리안은 통신에도 이용하고, 해양과 기상 자료를 얻는 데도 활용하는 다목적 위성이다.

몇 차례 발사가 연기되면서 우리의 애를 태우기도 했지만 천리안은 프랑스 아리안(Arian) 로켓에 실려 우리나라 시간으로 2010년 6월 27일 성공적으로 발사되어 임무를 수행하고 있다. 우리가 만든 인공위성이지만 우리의 발사체에 실려 하늘로 오르지 못한 것이 아쉽다. 프랑스 로켓으로 천리안을 쏘아 올렸지만 하늘 위에서 우리 땅과 바다, 하늘을 감시할 우리의 눈을 가지게 되었다는 데 의의가 있다.

천리안은 우리나라 주변은 물론 남쪽으로는 타이완, 북쪽으로는 일본 홋카이도까지를 샅샅이 살필 수 있다. 관측할 수 있는 지리적 범위로 따진다면 천 리보다 훨씬 더 먼 곳까지도 볼 수 있으니 '만리안'이라고 불러도 손색없을 눈이다. 앞으로 나로호의 경험을 통해 발사체를 자체적으로 만들어 위성을 쏘아 올린다면 그야말로 금상첨화일 것이다.

천리안을 보유하기 전까지 우리나라는 일본이나 미국 등에서 해양이나 기상에 관한 위성 자료를 받아서 일기예보에 활용했다. 그러나 이제는 천리안에서 자료를 받아서 이웃 국가에도 제공할 수 있게 되었다. 대한민국은 해양기상 위성 자료 수혜 국가에서 수여 국가로 바뀌었으므로 그만큼 국제사회에서 위상이 향상될 것이다. 또한 천리안 위성 자료를 바탕으로 전보다 더욱 정확한 일기예보가 가능하여 기상재해에 대비할 수 있을 것으로 전망된다.

천리안에서는 기상 자료만 얻는 것이 아니다. 천리안을 이용하여 해양 환경과 어장에 대한 정보를 얻어 우리의 해양 영토를 과학적으로 관리할

_천리안 해양관측 위성 사진(한국해양과학기술원)

수 있게 되었다. 적조 감시는 물론 수산 정보를 실시간으로 제공하여 어민들에게도 큰 도움을 줄 것이다. 물론 해양과학의 발전에도 큰 도움이 된다. 삼면이 바다로 둘러싸인 우리나라에서 천리안에 거는 기대가 큰 이유이다. 이 밖에도 봄마다 찾아오는 불청객 황사를 감시하고, 여름과 초가을의 불청객 태풍도 감시하며, 유류 유출 사고와 같은 각종 해양 오염 사고도 감시하여 빠른 시간 안에 대책을 마련할 수 있다. 최근에는 천리안 위성으로 적외선 영상을 촬영하는 데도 성공해 밤낮을 가리지 않고 연속적으로 우리

영토를 관측할 수 있게 되었다.

천리안은 한반도를 통과하는 동경 128.5도와 적도가 만나는 고도 3만 6000킬로미터 위에서 한반도를 내려다보고 있다. 2010년부터 7년 동안 잠시도 쉬지 않고 우리 땅과 하늘, 바다를 위해 불침번을 서고 있다. 천리안의 이러한 성과는 저절로 얻어진 것이 아니다. 그동안 과학기술자들이 노력한 결과로 이 결실의 혜택은 우리 국민 모두의 몫이다. 과학기술의 나무에서 더 좋은 열매가 많이 열리려면 거름을 주면서 나무를 보살피는 국가적 차원의 노력이 필요하다. 앞으로 천리안보다 더욱 시력이 좋은 만리안이 탄생해 우리 바다와 영토를 더욱 안전하게 지켜주리라 믿는다.

우리나라의 등대

 칠흑 같은 어둠 속을 헤매다가 실낱 같은 불빛이라도 발견한다면 얼마나 큰 위안이 될까. 어두운 밤바다에서 선박이 안전하게 운항하도록 길잡이 역할을 하는 등대는 인생의 앞길을 밝혀주는 희망의 상징이자 진취적 개척 정신의 상징이다.

 세계적으로 가장 유명한 등대는 파로스의 등대이다. 세계 7대 불가사의 중 하나인 파로스 등대는 기원전 280년 알렉산드로스 대왕이 대제국의 수도로 삼았던 이집트 북부 도시 알렉산드리아 항구 입구에 세워졌다. 높이가 약 130미터나 되는 거대한 석조물인 파로스 등대는 기름을 사용해 등불을 밝혔으며, 불빛은 50킬로미터 밖에서도 보였다고 한다. 그러나 1100년과 1307년에 발생한 지진으로 바닷속으로 자취를 감추었고, 이후 1994년부터 이집트-프랑스 해저고고학 발굴팀이 약 1년 동안 수중 탐험을 한 끝에 파로스 등대의 잔해를 찾았다고 한다.

우리나라 최초의 등대는 1903년 인천 앞바다에 세워진 팔미도 등대이다. 당시 인천항은 수심이 얕고 조수 간만의 차가 심할 뿐만 아니라 지형이 복잡해 배가 드나들기 쉽지 않았다. 1883년 인천항이 열리자 일본과 서구 열강들은 인천항을 안전하게 이용할 필요를 느꼈고, 이에 일본인들은 프랑스의 기술을 이용하여 착공 13개월 만에 등대를 만들었다. 높이 7.9미터인 팔미도 등대는 완공 당시에는 90촉광 석유등을 사용했다고 한다. 90여 년 전만 해도 밤바다에 불빛이라고는 찾아보기 힘든 때였으므로 어부들은 섬 꼭대기에 밤새 켜져 있는 등대 불빛을 도깨비불인 줄 알았다고 한다. 팔미도 등대는 한국전쟁 당시 인천상륙작전을 수행하는 데도 큰 도움이 되었다. 초창기 팔미도 등대 시설은 크게 바뀌었다. 90촉광 석유등은 5만 촉광 할로겐 전구로 바뀌었으며, 안개가 낀 날은 30초마다 신호음을 보내는 음파 표지 기능도 갖추고 있다. 또한 무선 시설까지 있어 빛과 소리, 전파를 이용한 다기능 등대가 되었다. 우리나라에는 팔미도 등대 외에 등대가 300여 개 있으며, 유인 등대는 점차로 무인 등대로 바뀌고 있다.

우리나라 육지에서 해돋이를 가장 먼저 볼 수 있는 곳은 호랑이 꼬리 부분에 해당하는 경상북도 호미곶(장기곶)이다. 동해안의 가장 동쪽 끝에 위치한 이곳에도 등대가 있어 불을 밝히고 있다. 이곳에 등대가 설치된 시기는 1903년으로, 이 등대는 인천 월미도 등대에 이어 두 번째로 세워진 등대이다. 높이는 26.4미터이고, 팔각형 구조물로 서구식 건축 양식을 본떠 만들었으며, 철근을 전혀 사용하지 않고 벽돌로만 쌓아 올렸는데도 90여 년 동안 강한 바닷바람을 견뎌냈다. 이 등대는 지금도 30만 촉광의 등명기로 12초마다 불을 밝혀 36킬로미터 이내의 선박에 항로를 안내해준다. 호

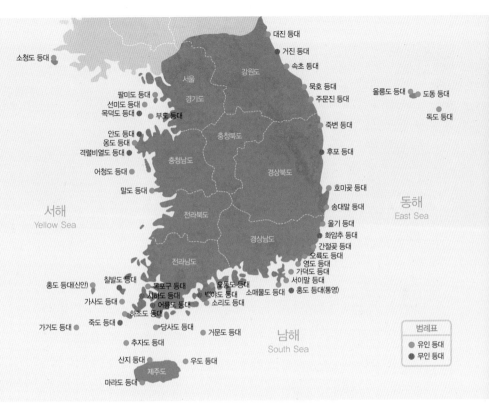

소청도 등대

대진 등대
거진 등대
속초 등대

서울
강원도
경기도

묵호 등대
주문진 등대

울릉도 등대 · 도동 등대

팔미도 등대
선미도 등대
목덕도 등대 · 부도 등대

죽변 등대

독도 등대

충청북도

안도 등대
옹도 등대
격렬비열도 등대 ·
어청도 등대

후포 등대

충청남도

경상북도

말도 등대

호미곶 등대

전라북도

서해
Yellow Sea

송대말 등대
울기 등대
화암추 등대

동해
East Sea

경상남도

간절곶 등대
오륙도 등대
영도 등대
가덕도 등대
서이말 등대

전라남도

홍도 등대(신안)

칠발도 등대

목포구 등대
시하도 등대
어룡도 등대
하조도 등대

오동도 등대
백야도 등대
소리도 등대

소매물도 등대 · 홍도 등대(통영)

범례표

가사도 등대

유인 등대

가거도 등대 ·

죽도 등대

당사도 등대

거문도 등대

남해
South Sea

무인 등대

추자도 등대

산지 등대

우도 등대

제주도

마라도 등대

_우리나라의 유인 등대와 무인 등대(해양수산부)

미곶에는 지난 1985년에 건립된 국내 유일의 등대박물관도 있어 등대에
필요한 각종 장비와 선박의 변천 과정을 담은 모형 등 700여 종을 전시하
고 있다.

남아프리카공화국 남단에 세워진 등대박물관에 가면 세계에서 유명한
등대 사진을 감상할 수 있다. 우리나라 등대로는 울산의 화암추 등대, 포항
의 호미곶 등대, 홍도 등대 등 유인 등대 3기와 여수의 백암, 인천의 서수
도, 한산도 등 무인 등대 3기의 사진이 전시되어 있다. 울산의 화암추 등대

_울기 등대(울산광역시 동구)

_창포말 등대(경북 영덕)

는 가장 최근 세워졌으며 국내 등대로는 처음으로 자동 승강기가 설치되어 있고 해상교통관제용(VTS) 레이더 및 폐쇄회로 TV(CCTV)를 보유하고 있어 선정되었다. 또 포항의 호미곶 등대는 높이가 국내에서 가장 높은 등대여서, 홍도 등대는 유명한 관광지에 있는 등대라서 채택되었다. 이 밖에도 무인 등대인 인천의 서수도 등대는 섬이나 바위에 설치한 다른 등대와 달리 바다 한가운데 지주를 만들어 그 위에 설치했기 때문에, 한산도 등대는 거북선 모양을 하고 있기 때문에 특색 있는 등대로 선정되었다. 이처럼 앞으로도 특색 있는 등대가 우리나라에 계속 만들어질 것이다.

바람 잘 날 없는 독도

잠잠해질 만하면 독도에는 높은 풍랑이 인다. 일본이 독도 문제로 우리의 속을 뒤집어 놓을 때마다 우리 사회는 들끓는다. 여기저기서 머리띠를 두르고 태극기를 흔들며 시위를 하고 반박 성명을 내기도 한다. 그러다가 시간이 흐르면 독도에 대한 관심은 점차 식어간다. 우리나라의 독도 수호 의지를 일본에 강하게 알릴 필요는 있다. 그러나 일본과의 독도 영유권 싸움을 감정적으로만 할 일은 아니다. 더 중요한 것은 세계인들에게 독도가 한국 영토임을 널리 알리는 일이다.

사회 각 분야에서 독도를 홍보하는 방법은 많다. 학자들은 독도에 관한 연구 결과를 외국의 유명 학술지에 실어 세계 학자들에게 알릴 수 있다. 논문 속에 독도(Dokdo)가 일본인들이 부르는 다케시마(竹島)보다 많이 들어가면 들어갈수록 독도는 다케시마가 아닌 독도가 된다. 학자들은 여론을 이끄는 집단이므로 독도 홍보에 큰 영향력을 미칠 수 있다. 안타깝게도 지금은 외국 문헌과 지도에 독도보다는 다케시마라고 표기된 자료가 더 많다. 이 때문에 세계인들이 독도의 아름다움과 가치를 알 수 있도록 영문 홍보책자를 만들어 전 세계에 배포하는 일도 중요하다. 이를 위해 독도에 관한 연구와 조사를 활발히 해야 함은 물론이다.

정치·외교·역사적 관점에서는 물론 과학적인 측면에서도 독도는 중요하다. 독도는 동해 한가운데 우뚝 솟아오른 황량한 바위섬이 아니다. 그곳은 온갖 생명체가 깃들여 사는 생명력 넘치는 공간이다. 고은 시인은 「독도」라는 시에서 독도가 그 누구의 고향도 아니라고 운을 뗐지만 그 누구에게도 끝내 고향이었다고 시를 마무리 지었다. 언뜻 독도는 생명체라고는 뿌리내릴 수 없는 한낱 커다란 바위처럼 보이지만, 가보면 뭇 생명체가 생을 이어나가는 삶의 터전임을 알게 된다. 척박한 땅이지만 계절에 따라 다양한 야생화가 독도를 수놓고, 소금기 먹은 해풍에도 나무가 꿋꿋이 버티고 있다. 독도에서 서식하는 식물 종 수는 80여 종에 달한다. 독도는 육지에서 200킬로미터 이상 떨어져 있지만 50여 종에 이르는 곤충도 살고 있다.

독도의 하늘도 예외없이 생명력이 넘친다. 어지러운 괭이갈매기의 군무가 독도의 하늘이 결코 외롭지 않다고 항변하며, 먼 거리를 이동하는 철새도 독도에서 날개를 접고 쉬어간다. 독도에서 발견된 새의 종류는 120종이 넘는다. 육상보다 바닷속은 더 생명력이 넘친다. 울창한 해조류 숲 사이로 물고기 떼가 유영하고, 물속 바위는 입추의 여지없이 해양생물들로 빼곡하다. 독도 바닷속에는 제주도 바닷속에서나 볼 수 있는 자리돔이나 도화돔과 같은 아열대 어류도 살고 있다. 남쪽에서 난류가 독도 부근까지 올라오기 때문이다. 또 북쪽에서 내려오는 한류가 이곳에서 난류와 만나면서

_ 독도(경상북도 울릉군)

찬물에 사는 생물과 더운물에 사는 생물이 공존하여 생물 종이 풍부하다. 깊은 바닷속에는 영양염류를 다량 함유한 심층수가 독도 주변에서 표층으로 솟아올라 플랑크톤 역시 잘 자라면서 자연히 이를 먹고 사는 어류들이 모여든다. 이것이 바로 독도가 황금어장이 되는 이유이다.

일본과의 독도 분쟁을 종식시킬 수 있는 장기적이고 합리적인 방법은 한 가지밖에 없다. 바로 독도에 관한 지속적인 연구로 우리 스스로가 독도에 대해 더 잘 아는 것이다. 독도를 알면 알수록 사랑하게 되고 사랑하면 더 소중해진다. 아는 것이 힘이다. 독도를 잘 알 때 우리는 진정한 독도의 주인이 될 것이고, 세계인들은 독도가 한국 영토임을 인정하게 될 것이다.

자존심을 건 한·중·일 심해탐사 경쟁

　기원전 332년 알렉산드로스 대왕은 유리로 만든 잠수종에 들어가 고대 페니키아 도시 티레(Tyre)의 항구 바다까지 내려갔다. 바닷속을 탐험하고자 하는 인간의 욕망은 그 이후에도 계속되었다. 미국 과학자 윌리엄 비브(William Beebe, 1877~1962)는 1934년 쇠로 만든 잠수구를 타고 수심 923미터까지 잠수했다. 현재까지 인간이 가장 깊은 바닷속까지 내려간 기록은 1960년 트리에스테(Trieste)호를 타고 서태평양 마리아나 해구 1만 911미터 깊이까지 도달한 것이다.

　2010년 중국은 심해유인잠수정 자오룽(蛟龍號)호가 사람을 태우고 남중국해 수심 3759미터 바닥까지 성공적으로 잠수했다고 발표했다. 2007년 1월 수심 7000미터까지 들어갈 수 있는 잠수정을 개발했다고 언론에 발표한 지 3년이 훨씬 지난 시점이었다. 2012년에는 7000미터가 넘는 잠수에 성공했다. 심해를 탐사하는 잠수정 개발은 이처럼 하루아침에 되는 일은 아니다. 잠수정의 이름인 자오룽은 바닷속에 산다는 중국 전설에 나오는 용의 이름이다. 잠수정의 길이는 8.2미터, 폭은 3미터, 높이는 3.4미터이고 무게는 21톤이다. 이 잠수정에는 3명이 탈 수 있으며 최장 9시간 동안 바닷속에서 작업을 할 수 있다.

우리나라도 2006년 심해 6000미터까지 들어갈 수 있는 잠수정 해미래를 개발한 바 있다. 그러나 해미래는 사람이 탑승할 수 있는 잠수정이 아닌 선상에서 조종하는 무인잠수정이다. 이 해미래로 동해 독도 인근 바닷속에 태극기를 꽂기도 했다. 아폴로 우주인이 1969년 달에 처음으로 미국 성조기를 꽂은 것이나 중국 자오룽호가 바닷속에 오성홍기를 꽂은 것이나 의미는 같다. 중국이 국기를 꽂은 땅은 중국, 베트남, 필리핀, 말레이시아 등 6개국이 영유권 다툼을 하고 있는 곳이다. 이해가 걸려 있는 다른 나라들은 중국의 해양 과학기술 시위에 벙어리 냉가슴을 앓을 수밖에 없다. 지금도 중국과 일본은 다오위다오(일본명 센가쿠 열도, 동중국해 남서부에 위치한 무인도 다섯 개와 암초 세 개로 구성된 군도)를 놓고 팽팽한 신경전을 벌이고 있다.

중국이 2007년 심해유인잠수정을 개발했다고 발표한 시기를 우리는 주목해야 한다. 심해 3200미터에서 심해 생물을 탐사하던 미국 심해유인잠수정 앨빈호에 탑승한 과학자와 지구 상공 400킬로미터에 떠 있는 국제우주정거장(ISS)에 있던 우주인이 대화를 나눴다는 기사가 나간 지 며칠 지나지 않아서였다. 우연인지 몰라도 미국의 발표에 중국이 자존심을 세우기 위해 곧이어 발표했을 거라는 생각이다. 그전까지 수심 6000미터 이상을 들어갈 수 있는 심해유인잠수정을 보유한 나라는 미국, 프랑스, 러시아, 일본뿐이

_중국 심해유인잠수정 자오룽호

었다. 하지만 중국이 2010년 7000미터 잠수에 성공하면서 경쟁에서 선두로
나섰다. 사람을 태우고 얼마나 깊이 들어갈 수 있는 잠수정을 개발하는가는
그 나라 해양 과학기술의 척도가 될 수 있다. 강대국들은 지금 이 순간에도
최첨단 과학기술 분야에서 국가의 자존심을 건 소리 없는 전쟁을 치르고
있다.

우리나라는 해양 과학기술이 앞선 일본, 러시아, 중국에 둘러싸여 있다.
세계 역사가 말해주듯 바다의 힘, 즉 해양력을 보유한 나라가 세계를 지배
해왔다. 일본은 이미 해양 과학기술에서 세계 선두를 다투고 있고, 중국도
최근 심해에 대한 연구개발에 박차를 가하고 있다. 최근 우리 주변 바다에
서 한·중·일 간에 벌어지는 일련의 상황을 볼 때, 바다에서 힘을 기르지

않으면 우리의 미래는 불안할 수밖에 없다. 특히 심해는 다양한 자원이 잠자고 있는 곳이다. 심해탐사 능력을 기르는 일은 단지 국가 간 자존심 경쟁이 아닌, 그 이상의 가치가 있다.

심해유인잠수정, 수천 길 바다가 부른다

열 길 물속은 알아도 한 길 사람 속은 모른다고 한다. 사람의 속마음은 도무지 알 길이 없다는 말인데, 그렇다면 안다고 하는 열 길 물속은 얼마나 깊을까? '길'은 얼추 사람 키 정도인 길이의 단위이다. 서양에서는 사람 키를 기준으로 물의 깊이를 어림짐작할 때 패덤(fathom)이라는 단위를 사용한다. 패덤은 약 1.8미터 정도로, 우리의 '길'은 서양의 패덤보다 좀 더 길다. 한 길은 여덟 자 또는 열 자로 약 2.4미터 또는 3미터이다. 이제 열 길물속이 얼마나 깊은지 답이 나온다. 열 길은 짧게는 24미터 길게는 30미터쯤 되는 깊이다. 이 정도 깊이면 스쿠버다이빙을 해서 도달할 수 있으므로, 열 길 물속을 들여다보기란 실제로 그리 어려운 일이 아니다. 그러나 수천 길 물속이라면 사정은 달라진다.

바다에서 가장 깊은 곳은 괌 인근 마리아나 해구의 챌린저 해연으로 깊이는 무려 1만 1000미터가 넘는다. 세계에서 가장 높은 에베레스트 산 꼭

대기에 백두산을 하나 더 얹은 것만큼 된다. 이 정도 수심이라면 달에 가는 것보다 더 어렵다. 실제로 지구에서 약 38만 3000킬로미터 떨어진 달에 가본 사람의 수가 바다에서 가장 깊은 곳에 다녀온 사람 수보다 더 많다. 수심 1만 미터가 넘는 바닷속을 다녀온 사람은 1960년 트리에스테호에 탑승한 미국 해군 중위 돈 월시와 스위스 해양학자 자크 피카르, 그리고 2012년 딥시챌린저(Deepsea Challenger)호를 탄 제임스 카메론 단 3명뿐이다. 제임스 카메론은 영화 「타이타닉」 「아바타」 등을 만든 우리가 잘 아는 바로 그 영화감독이다. 한편 달에 착륙한 사람은 1969년 아폴로 11호를 타고 인류의 첫 발자국을 달 표면에 남긴 닐 암스트롱을 선두로 모두 12명이 있다.

미지의 세계를 엿보고 싶어 하는 우리의 호기심은 어디가 끝일까? 빛의 속도로 달려도 영겁의 시간을 가야 하는 우주 끝일까, 아니면 무시무시한 압력이 내리 누르는 심연의 끝일까? 그도 아니면 모든 것을 녹여버릴 듯이 뜨거운 지구의 중심일까? 이 가운데 그나마 가능성이 엿보이는 곳은 심연이다.

2015년 2월 26일자 국내 한 신문은 〈아사히신문〉을 인용하여 일본은 1만 2000미터까지 내려갈 수 있는 심해유인잠수정 신카이12000을 만들 거라고 보도했다. 이 잠수정이 만들어진다면 인류는 해저 어디든 못 갈 곳이 없어진다. 신카이12000은 잠항할 수 있는 최대 깊이도 놀랍지만 기존의 6000~7000미터급 잠수정과는 눈에 띄는 차별점이 있다. 바로 탑승 인원을 3명에서 6명으로 늘리고, 체류 시간도 10시간 내외에서 2일로 늘리며, 사람이 탑승하는 거주구도 기존의 티타늄 재질에서 강화유리로 만들겠

_제임스 카메론 감독이 탄 딥시챌린저호(미국 우즈홀 해양연구소)

_신카이6500(일본해양연구개발기구JAMSTEC)

다는 계획이다. 지름이 2미터 남짓인 잠수정의 기존 거주구는 공간이 비좁아 휴식은 물론 생리 현상도 처리할 수 없었다. 그런데 새로 만들려는 잠수정에는 휴식공간과 화장실도 설치한다고 한다.

중국이 심해유인잠수정 자오룽호을 만들기 전까지 일본은 세계에서 가장 깊이 바다를 탐사할 수 있는 심해유인잠수정 신카이6500을 보유한 나라였다. 그러나 2012년 중국이 자오룽호로 7000미터 이상 잠항에 성공하자 일본은 자존심이 상했을 것이다. 게다가 중국은 '해양굴기(海洋崛起, 바다에서 일어섬)'를 외치며 심해유인잠수정은 물론, 해저기지 등 해양 분야에서 세계 최고 자리를 선점하겠다는 의지가 강하다. 이런 상황에서 일본의 1만 2000미터급 잠수정 이야기가 나왔다. 일본의 자신감은 오랜 경험이 축적되어 있기에 가능하다. 이미 1980년대 2000미터급 신카이2000과 6500미터급 신카이6500을 만든 경험이 있다. 우리도 6500미터급 심해유인잠수정을 만들기 위한 사업이 추진되고 있지만 갈 길은 바다보다 더 험난하다.

이어도, 전설의 섬이 카오스 섬으로

'이어도 사나, 이어도 사나' 제주도 해녀들이 물질하기 위해 배를 타고 바다로 나갈 때 부르던 민요의 일부분이다. 이 노래에는 바다로 나가 물고기를 잡다가 풍랑 때문에 목숨을 잃은 남편과 아들 대신 생계를 꾸려가야 하는 해녀의 애환이 녹아 있다. 거기에 더해 이어도를 향한 동경심도 숨어 있다.

이어도는 제주 사람들의 전설 속 이상향이었다. 바다로 나간 뱃사람들이 돌아오지 않으면 이어도로 갔다고 믿었다. 이청준은 소설 『이어도』에서 "긴긴 세월 섬은 늘 거기 있어 왔다. 그러나 섬을 본 사람은 아무도 없었다. 섬을 본 사람은 모두가 섬으로 가버렸기 때문이었다. 아무도 다시 섬을 떠나 돌아온 사람이 없기 때문이었다"라고 했다. 그렇다면 왜 섬을 본 사람은 돌아오지 못했을까?

이어도는 이름에 섬 '도(島)' 자가 들어 있지만 섬이 아닌 수중 암초이다.

_이어도 종합해양과학기지(한국해양과학기술원)

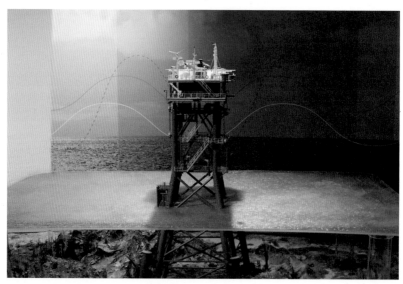

_이어도 종합해양과학기지 모형(국립해양박물관)

가장 높은 곳도 평균 해수면에서 4.6미터 아래 물에 잠겨 있기 때문에 풍랑이 최소 10미터는 되어야 비로소 모습이 드러난다. 이렇게 험난한 바다에서 일엽편주(작은 배 한 척)에 몸을 의지한 어부가 가족이 기다리는 집으로 무사히 돌아올 수 있기란 불가능했을 것이다.

2003년 이어도 종합해양과학기지가 설치되면서 이어도는 전설 속 환상의 섬에서 과학의 섬으로 탈바꿈했다. 우리 정부는 1990년대 중반부터 해양과학기지 건설을 계획했으며, 한국해양과학기술원(당시 한국해양연구원)에서 설계를 진행해 2001년 공사를 시작, 2003년 기지를 완공했다. 이 과학기지는 2007년부터 국립해양조사원에서 인수하여 운영하고 있다. 이어도 종합해양과학기지는 바다 위로 36미터 솟아 있다. 수심 40미터 기반암에 세워졌으니 전체 높이는 76미터로 25층 아파트보다 높은 셈이다. 지반 강화를 위해 길이 60미터 파일 8개를 해저암반에 박기도 했다. 필자도 이어도 종합해양과학기지에 다녀온 적이 있다. 육지라고는 보이지 않는 망망대해에 우뚝 솟은 기지에 발을 디디며, 과학자답지 않게 내가 다시 돌아갈 수 있을까 하고 전설 속의 이어도를 생각하기도 했다.

중국이 2013년 11월 23일 이어도를 포함한 방공식별구역(영토와 영해의 침입을 방지하기 위해 각국이 설정한 공중의 영역)을 발표하면서 이어도가 국민의 관심이 되었다. 우리 정부도 곧이어 12월 8일 이어도가 포함된 새로운 방공식별구역을 선포했다. 일본은 일찍이 1969년에 이어도를 자국의 방공식별구역에 포함시켰다. 따라서 이어도 상공은 한·중·일 3개국 모두의 방공식별구역 안에 중첩되어 있는 셈이다.

이어도는 파랑도 또는 소코트라 암초(Socotra rock)라고도 하며, 중국에서는 쑤엔자오(蘇岩礁)라고 부른다. 세계적으로 통용되는 소코트라라는 이름은 1900년 영국 상선 소코트라호가 처음 발견해 알려졌기 때문이다. 이어도는 마라도 남서쪽으로 149킬로미터, 중국의 유인도 위산다오(余山島)에서 287킬로미터, 그리고 무인도 퉁다오(童島)에서 247킬로미터, 일본의 도리시마(鳥島)에서는 276킬로미터 떨어져 있다. 거리상으로 보더라도 우리나라에 가장 가까운 섬으로 현재 우리나라가 관리하고 있지만 주변 국가들의 견제가 끊이지 않아 이어도 주변에 긴장의 파도는 점점 높아지고 있다.

주변 국가에서 이어도에 관심을 갖는 이유는 이어도의 지정학적·경제적 가치 때문이다. 이어도는 중요한 해상 교통로이자 유사시 해난 구조기지로도 활용할 수 있다. 이어도 주변 해역으로 우리나라 수출입 물동량의 90퍼센트 이상이 지나간다. 또한 이어도 종합해양과학기지는 태풍이 우리나라로 접근하는 길목에 자리 잡고 있다. 기지에는 첨단 과학 장비가 설치되어 있어 해양과 기상, 환경 자료를 실시간으로 얻을 수 있으며 이 자료를 바탕으로 태풍의 진로를 예측하여 미리 대피하면 인명이나 금전적 피해를 줄일 수 있다. 이 밖에도 이어도 인근 해역은 갈치, 고등어, 조기, 민어, 오징어 등이 잡히는 황금어장이자 원유와 천연가스가 매장되어 있는 에너지 창고이다. 바닷속에 숨어 있던 전설의 섬 이어도는 해양과학기지 건설로 물 밖으로 나오며 과학의 섬으로 탈바꿈했다. 이제 이어도 상공은 국제적으로 이해관계가 뒤얽히면서 카오스(혼돈)의 섬으로 진화 중이다.

심해해양플랜트, 공장이 바다로 간다

우리나라가 조선과 반도체 산업의 강국이 된 것은 조선 반도에 자리 잡고 있기 때문이라는 우스갯소리가 있다. 그동안 우리나라 조선 산업은 세계 1, 2위를 다투며 경제 발전의 견인차 역할을 해왔다. 그러나 우리가 일본을 추월했듯이 우리의 조선 산업은 중국에 곧 추월 당할 처지에 놓여 있다. 따라잡는 것보다 1위 자리를 지키는 일이 훨씬 더 어렵다. 그동안 잘나갔던 조선 산업은 2016년 현재 위기를 맞고 있다. 이제는 고부가가치 선박, 해양플랜트, 심해잠수정, 수중로봇 등 한 단계 높은 기술력으로 국제적 경쟁력을 길러야 한다.

2014년 우리 정부가 미래 성장동력으로 선정한 9대 전략 산업을 살펴보면 5세대 이동통신, 심해해양플랜트, 스마트 자동차, 지능형 로봇, 착용할 수 있는 스마트 기기, 신재생에너지 하이브리드 시스템 등이 포함되어 있다. 이 가운데 심해해양플랜트와 신재생에너지는 바다와 관련이 있다.

한자와 영어가 만난 혼합형 용어 '해양플랜트'는 말 그대로 '바다의 공장'이라는 뜻이다. 우리는 바다에서 원유나 가스를 생산하는 거대한 구조물을 흔히 보았으므로 해양플랜트라고 하면 원유나 가스 생산 설비일 것이라고 생각한다. 그러나 해양플랜트는 넓은 의미로 해양 신재생에너지, 해수담수화, 심해저 광물자원 등을 포함하는 자원 개발과 해양 환경 감시에 관한 장비와 건축물도 포함한다.

그렇다면 해양플랜트 산업은 왜 미래 산업으로 주목받을까? 개발도상국의 빠른 경제 성장으로 에너지 수요 증가와 자원 부족이 당면 과제가 되었다. 이를 해결하기 위해 그동안 기술 부족이나 높은 개발 비용으로 손대지 못했던 심해 자원의 중요성도 점점 커지고 있다. 예를 들어보자. 세계 원유 시장에서 심해 유전에서 공급되는 원유의 비율은 2000년 2퍼센트에서 2010년 8.5퍼센트로 늘어났고, 2025년에는 13퍼센트가 될 것으로 전망한다.

심해 자원을 이용하려면 당연히 심해에서 사용할 수 있는 장비가 필요하다. 이에 따라 해양플랜트 시장 규모도 2010년 1400억 달러에서 2020년 3200억 달러 규모로 급성장할 것으로 예상된다. 세계 해양플랜트 수출 시장을 주도하는 우리나라의 수주 실적도 2008년 161억 달러에서 2012년 218억 달러로 늘어났다. 최근 성장세가 주춤하고 있지만 심해해양플랜트는 여전히 미래 성장 동력으로 주목받고 있다.

심해는 무한한 잠재력을 지닌 블루오션(Blue ocean, 대안시장)이다. 그래서 공장이 바다로 가고 있다. 심해해양플랜트 산업이 꽃 피려면 해양공학은 물론 해양과학 발전이 전제되어야 한다. 우리나라 해양 관련 산업은 국

_해상 플랜트(인도네시아)

제경쟁력 10위권 안에 들어 있지만 해양 과학기술 수준은 아직 그보다 뒤처져 있다. 기초가 되는 해양 과학기술 육성과 해양 전문 인력 양성이 뒷받침되지 않으면 심해해양플랜트 산업은 사상누각, 아니 해상누각이 될 수도 있다.

자원의 보고 남극 속 우리 기지

2010년 12월 18일 쇄빙연구선 아라온호는 인천항을 출발해 힘차게 물을 가르며 남극으로 향했다. 우리나라에서 처음 건조된 쇄빙선의 능력을 검증하고 남극대륙에 제2남극과학기지를 건설할 후보지를 물색하기 위해서였다. 두 차례에 걸친 실패 소식이 전해졌지만 마침내 아라온호는 얼음을 부수며 항해하는 데 성공했다. 아라온호의 '아라'는 바다라는 우리말이고, '온'은 전부를 뜻한다('아라'가 바다라는 우리말임을 입증할 자료가 없다는 이견도 있다). 그러니 아라온호는 가지 못할 바다가 없는 배이다. 남극해의 얼음을 깨고 항해한 아라온호가 이름값을 해낸 셈이다.

아라온호는 88일간의 임무를 마치고 2010년 3월 15일 인천항으로 귀항했다. 이틀 뒤 우리 정부는 테라노바 만(Terra Nova bay)에 제2남극과학기지를 건설하겠다고 발표했다. 이후 2014년 제2남극과학기지인 장보고기지가 완성되면서 우리나라도 명실상부한 남극대륙 연구기지를 갖게 되었다.

제2남극과학기지 건설을 계획할 당시만 해도 남극에 세종과학기지가 있는데 왜 또 기지를 건설하느냐고 의아해하는 의견이 있었다. 1988년 건설한 세종과학기지가 위치한 킹조지 섬은 사실 남극권 밖에 위치해 있다. 따라서 엄밀히 말하면 짝퉁 남극기지인 셈이다. 극지는 남반구에서는 남위 66.5도, 북반구에서는 북위 66.5도보다 고위도를 가리킨다. 그런데 세종과학기지가 위치한 곳은 남위 62도 13분이다. 하지만 제2남극과학기지가 건설된 테라노바 만은 남위 74도에 위치해 있으며 남극대륙 동남단 로스 해에 인접해 있다. 거의 30년 동안 우리나라는 세종과학기지에서 수행한 극지과학연구를 통해 많은 자료와 기술을 축적했으며 이를 바탕으로 남극대륙 장보고기지에서 본격적인 남극 연구를 수행하고 있다.

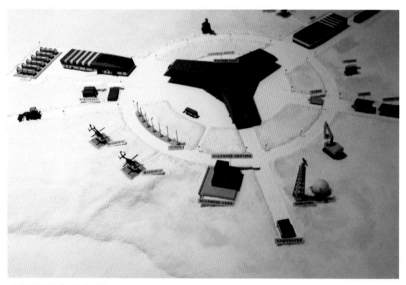

_남극대륙 장보고기지 모형(국립해양박물관)

세계 각국이 남극대륙에 기지를 설치하고 연구하는 데는 그만한 이유가 있다. 남극대륙은 온통 눈과 얼음으로 뒤덮여 있지만 한반도의 60배나 되는 광대한 땅이다. 이 동토는 쓸모없는 땅이 아니다. 먼저 눈 아래 땅속에는 엄청난 광물자원이 잠자고 있다. 철, 구리, 니켈, 아연, 크롬, 금, 은과 같은 금속자원은 물론이고 석유도 부존되어 있을 가능성이 높다. 지금 당장은 남극조약으로 자원 개발이 금지되어 있지만 앞으로 언젠가는 이 자원들이 개발될 것이다. 또한 온도가 낮은 남극에서 서식하는 생물 중에는 산업적으로 이용할 수 있는 종류가 많다. 남극의 크릴이나 대구, 우리가 흔히 '메로'라고 부르는 어류는 남극에서 얻을 수 있는 중요한 생물자원이다. 영하의 온도에서도 얼지 않는 물질을 지닌 생물은 과학자들의 관심 연구 대상이다. 여기에다 남극의 무궁무진한 얼음은 물 부족으로 어려움을 겪는 나라들에 중요한 수자원이 될 수 있다. 이처럼 남극은 각종 자원의 보고이다. 따라서 남극대륙과 바다는 지구에 마지막 남은 기회의 공간일지도 모른다. 그런 남극에 태극기 펄럭이는 우리 과학기지가 둘씩이나 있다.

북극해의 자원 개발 경쟁

지구온난화로 북극의 빙하가 녹으면서 해수면 상승과 같은 환경문제에 대한 우려의 목소리가 높아지고 있다. 그런 와중에 한편에서는 북극의 해빙에 따라 자원과 항로를 개발하려는 기대감이 높아지고 있다. 얼음 속에 잠자던 자원의 개발 가능성이 보이고, 북극해를 덮고 있던 얼음이 녹으면서 새로운 뱃길이 열리기 때문이다.

북극은 가히 지하자원의 보물창고라고 할 수 있다. 북반구의 냉대(아한대) 기후 지역에 나타나는 육상의 타이가(taiga)나 툰드라(tundra) 지대는 물론이고 해저 대륙붕에 다이아몬드, 금, 은, 구리, 철, 아연, 니켈, 주석과 같은 광물자원과 석유, 천연가스, 가스 하이드레이트와 같은 화석연료가 묻혀 있다. 미국지질조사국(USGS)의 조사 결과에 따르면 전 세계 석유의 13퍼센트, 천연가스의 30퍼센트가 북극에 묻혀 있다. 또한 해양 생물자원이 많은 북극 주변 해역은 황금어장이다. 북극해 어장에서 잡히는 수산물은 세계 어획량의 약 13퍼센트를 차지한다. 명태, 북극대구, 가자미, 넙치 등 우리의 식탁에 오르는 주요 어종은 물론이고 대게나 킹크랩처럼 비싼 가격에 팔리는 수산물도 이곳에서 잡힌다.

과학자들은 앞으로 20~30년 사이에 북극 항로가 완전히 열릴 것으로 전망한다. 수출로 경제를 유지하는 세계 10위 안에 드는 해운국인 우리나라는 당연히 북극 항로 개발에 관심이 많다. 북극 항로를 이용할 경우 부산에서 네덜란드 로테르담까지 운항 거리는 37퍼센트, 운항 일수는 10일을 단축할 수 있다. 이 때문에 해운업계로서는 북극 항로가 큰 매력이 아닐 수 없다.

북극의 자원을 개발하기 위해서는 북극이사회(Arctic Council)에 정식 참관국(observer)이 되어 북극 정책 결정에 참여할 수 있어야 한다. 북극이사회는 북극권에 영토가 있는 미국, 캐나다, 러시아, 노르웨이, 덴마크, 스웨덴, 핀란드, 아이슬란드 등 8개국이 회원국이며, 독일, 영국, 프랑스, 네덜란드, 스페인, 폴란드 등이 비회원 참관국이다. 이 밖에 국제연합(UN)과 국제연합 식량농업기구(FAO)를 비롯한 정부간 기구가 참관기구로 참여하고 있다. 우리나라는 지난 2008년 북극이사회의 임시 참관국이 되었으며 정식 참관국이 되기 위해 이사회 산하의 다양한 회의에 적극적으로 참석하며 꾸준한 노력을 해왔다. 그 결과 2013년 5월 15일 스웨덴에서 열린 북극이사회에서 정식 참관국이 되었다.

우리나라는 일찍부터 극지의 중요성을 깨닫고 착실히 준비해왔다. 1987년 한국해양과학기술원에 극지연구실을 만들었고, 1988년에는 남극 세종과학기지를 준공하여 남극 연구를 시작했다. 2002년에는 노르웨이 스

_북극 과학기지 전경(스발바르 제도)

_북극 다산과학기지 명패

발바르(Svalbard) 제도 스피츠베르겐(Spitsbergen) 섬에 북극 다산과학기지를
설치하여 북극 연구를 본격적으로 시작했다. 이곳에는 우리나라뿐만 아니
라 영국, 독일, 프랑스, 일본, 이탈리아, 중국, 인도 등 9개국이 기지를 운영
하고 있다. 2004년에는 부설 극지연구소로 독립했고, 2009년에는 쇄빙연
구선 아라온호를 진수하여 남극은 물론 북극 연구에도 박차를 가했다.

  일본이나 중국에 비하면 아직 부족하지만 이제 북극 개발을 위한 과학
기술 기반시설은 어느 정도 모양새를 갖추었다. 우리나라와 중국, 일본은
동북아시아 바다에서 해양 영토를 놓고 긴장감을 높이고 있다. 이제 경쟁
의 장은 자원의 보고인 북극해까지 범위가 확대되고 있다.

"바다를 지배하는 자, 세계를 지배한다"라는 격언이 있다. 근대 세계사를 돌이켜 보자. 이른바 힘깨나 쓰던 나라는 세계의 바다를 장악하고 해상무역으로 부를 축적한 나라들이었다. 국력의 서열은 바다의 힘, 즉 해양력에 따라 결정되었다. 지금도 상황은 마찬가지이다. 미래학자들은 인류의 미래가 바다에 달려 있다고 한다. 인구 증가, 자원 고갈 등의 문제에 직면하면서, 바다는 21세기를 이끌어갈 성장 동력으로 주목받고 있다.

바다는 생물자원, 광물자원, 에너지자원, 수자원, 공간자원 등 그야말로 다양한 자원을 가진 보물창고이다. 세상에 이렇게 풍요로운 곳간이 따로 없다. 생물자원은 관리만 잘하면 화수분처럼 절로 채워져서 줄어들지 않는다. 해양에는 석유 부존량이 1조 6000억 배럴, '불타는 얼음'으로 불리는 수화물(메테인하이드레이트)은 10조 톤 가량이 매장되어 있는 것으로 알려져 있다. 선진국들이 해양 경제영토를 두고 마찰을 일으키고,

경쟁적으로 해양 과학기술 발전에 힘쓰는 이유이다.

미국은 우즈홀 해양연구소, 스크립스 해양연구소 등 세계 최고 수준의 연구소를 운영하며 해양 개발에 매진하고 있다. 일본도 수심 최대 6500미터에 까지 잠수할 수 있는 심해유인잠수정 '신카이6500' 등을 활용하여 연구 활동을 펼치고 있다. 중국 역시 7000미터급 심해유인잠수정 '자오룽' 개발에 박차를 가하는 등 해양대국 반열에 오르기 위한 움직임이 분주하다.

해양 강대국에 둘러싸여 있고 삼면이 바다라 해양 연구와 개발을 통한 해양 영토 확보가 중요한 우리의 상황은 어떠한가? 우리나라 역시 해양 에너지와 자원 개발에 힘쓰고 있다. 그 결과 지난 2008년 3월에는 남서태평양 통가왕국의 배타적경제수역 내에 면적 약 2만 4000제곱킬로미터에 달하는 해저열수광상 독점 탐사광구를 확보했으며, 2011년 11월에는 피지 공화국에서 여의도 면적의 350배에 달하는 독점 탐사광구를 획득했다. 이곳 열수광상 개발을 통해 우리는 금, 은, 구리, 아연 등의 전략금속자원을 얻을 수 있다.

한편 우리나라는 지난 2002년 국제해저기구(ISA)로부터 북동태평양 공해상 '클라리온-클리퍼톤 해역'에 남한 면적의 4분의 3에 달하는 7.5만 제곱킬로미터의 심해저 망가니즈단괴 독점개발 광구를 확보했다. '검은 노다지'라 불리는 망가니즈단괴는 망가니즈뿐만 아니라 구리, 니켈, 코발트 등의 금속광물을 다량 함유한 금속광물 덩어리이다. 우리나라가 보유하고 있는 이곳 심해저광구에는 망가니즈단괴가 약 5억 1000만 톤이 매장되어 있으며, 이는 연간 300만 톤씩 100년간 생산이 가능한 양이다. 금액으로는 1500억 달러 이상의 가치가 있는 것으로 추정되고 있다.

이 밖에 남극 세종과학기지와 북극 다산기지, 열대 태평양 마이크로네시아공화국에도 해양연구센터를 운영하는 등 전 세계로 연구 영역을 넓혀가고 있다. 세계 최초의 정지궤도 해양관측위성인 '천리안'을 쏘아 올려 해양과 기후 연구에 활용하고 있으며, 조력발전, 조류발전 등 해양 신재생에너지 개발에도 주력하고 있다.

하지만 아직 갈 길은 깊은 바닷속처럼 멀기만 하다. '2020년 세계 5대 해양강국'이라는 목표에 걸맞게 국제적 수준의 해양 연구수행 능력 배양, 장기적 해양 과학기술 발전 계획 수립, 우수한 해양 전문가 양성 등 선결해야 할 문제가 많다. 2012년 5월에 여수에서 해양을 주제로 세계박람회가 열렸고, 같은 해 7월에는 우리나라의 대표 해양과학종합연구기관인 한국해양연구원이 한국해양과학기술원(KIOST)으로 새롭게 출범했으며, 부산 영도에 국립해양박물관도 문을 열었다. 이를 계기로 해양에 대한 국민들의 관심이 높아졌다. 21세기 진정한 해양강국으로의 발전을 위해 바다의 새로운 가능성에 주목해보자. 좁은 국토를 넓힐 수 있는 유일한 방법은 해양 과학기술 발전으로 해양 경제영토를 넓히는 것이다.

찾아보기